經濟戰爭
與戰爭經濟

卡爾・赫弗里希
(Karl Helfferich) 著

從內政到戰場
德國財政部長卡爾・赫弗里希的一戰回憶錄

王光祈 譯

本書透過德國財政大臣的視角
看戰爭中的經濟策略與戰爭經濟的運作

ECONOMIC WAR AND
WAR ECONOMY

翻譯自德國經濟學家
赫弗里希的名作《世界大戰》中的一部分
以德國為主線，深度剖析一戰兩大陣營之間看不見硝煙的經濟戰爭

目 錄

譯者序

編者序

第一章　內務部

020　　第一節　接任內務大臣
027　　第二節　內務大臣職務
029　　第三節　戰時給養問題

第二章　處於圍困之中的德國

036　　第一節　德國海軍的實力
040　　第二節　禁運物品名單的擴充
044　　第三節　英國宣布北海為戰爭區域
049　　第四節　監督中立國的商業
054　　第五節　占領地的原料及糧食情況

057	第六節	各盟國的糧食恐慌問題
060	第七節	德國戰時糧食情形

第三章　德國對付各中立國的手段

064	第一節	德國對抗的方法
066	第二節	輸出與輸入的集中監管
068	第三節	買賣混亂的結果
071	第四節	採購總局
074	第五節	與中立各國交易的手段
079	第六節	德國戰時的順利輸入

第四章　戰爭經濟中之科學效用

088	第一節	提高生產能力
094	第二節	各種企業與人工的改組
100	第三節	消費條例與國民糧食
107	第四節	重要原料收歸國有

第五章　救國服役條例與興登堡計畫

- 116　第一節　缺乏子彈的難關
- 125　第二節　兵役義務的擴大
- 128　第三節　最高戰事衙門
- 131　第四節　救國服役條例
- 137　第五節　救國服役條例與國會
- 143　第六節　救國服役條例的施行
- 147　第七節　救國服役條例的效力

目錄

譯者序

譯者序

此書出自德國戰時財政大臣兼內務大臣卡爾・赫弗里希（Karl Theodor Helfferich）所著《世界大戰》（Der Weltkrieg）第二冊中的第三部分。赫弗里希原為著名財政學者及銀行專家，自歐洲戰爭開始後不久，被德皇威廉二世（William II）任命為財政大臣以及內務大臣，主持「全國經濟動員」的相關事宜。他主張的「軍費政策」，以及將「軍費」作為「特別支出」，不用傳統的徵稅方法，代之以舉行公債（借貸）作為填補，雖然多次被其他德國經濟學者所抨擊，但他在大戰之中，維持德國財政危局，並與世界列強進行「經濟戰爭」的功勞，是不能否定的。後來德皇威廉二世主張「無限制潛艇戰爭」（德國海軍部宣布的一種艦艇作戰方法，對任何開往英國水域的商船，不進行警告而予以擊沉，旨在對英國進行海上封鎖。這也是後來美國對德宣戰的導火線）時，赫弗里希曾極力勸阻，可惜沒有被採納。一九一八年七月，他出任駐俄大使，並預備「全國解除經濟動員」之事。戰後他成為德國社會民主黨右翼首領之一，並發明「有利馬克」計畫，以緩解當時德國面臨的金融恐慌，並奠定了現在（對於作者所處時代而言）德國貨幣制度的基礎。一九二四年四月，赫弗里希因火車出軌而遇險喪命，享年五十二歲。無論是友黨還是敵對政黨，都發表文章稱讚他是理財天才，是歐洲大戰中的怪異而傑出的人才。

所謂「經濟戰爭」這個說法，就是指在世界大戰之中，協約各國，尤其是英國，利用各種「經濟封鎖」的策略以圍困德國。同時，德國方面，又用各種抵制手段，進行對抗。我們知道：戰前德國陸海兩軍的預備，都已經極其充實。血戰四年，除了大戰剛開始的時候，俄國八十萬軍隊曾乘機一度侵入東普魯士（東普魯士原是普魯士王國的一個省，普魯士統一德意志後，併入德意志帝國），不久被保羅·馮·興登堡（Paul von Hindenburg）元帥全部殲滅，敵國的陸軍沒有侵入德國境內一步。至於海軍實力，自一九一六年五月三十一日爆發的日德蘭海戰（Skagerrak，在挪威、丹麥兩國之間）後，英國海軍從此不敢正視德國海岸。所以單就軍事而言，德國在「國防」上面的準備，可以說是非常充足。然而，德國最終不免於失敗，是輸在了「經濟戰爭」上。當時德國海軍的實力，對於保護本國沿海口岸來說綽綽有餘，但是想要直搗英國根據地還是不行的。其結果，德國海軍逐漸被包圍於東海（波羅的海）與北海（大西洋東北部邊緣海，位於歐洲大陸的西北，北部與大西洋連成一片，東經斯卡格拉克海峽、卡特加特厄勒海峽與波羅的海相通）之內。但當時與德國接壤的中立各國，如丹麥、荷蘭、瑞典、挪威、瑞士、羅馬尼亞（指羅馬尼亞尚未加入協約國之前）等等，還能不斷地接濟德國各種糧食用品及海外原料。

譯者序

英國知道這個情況後，就宣布北海也是戰爭區域。所有與德國鄰近的中立各邦國，從此也被劃入了封鎖範圍之內。凡是中立各國船隻，從海外運回原料的時候，必須先向英國海軍當局報告，否則就要受到沒收貨物的處分。英國並在各中立國內勾結當地商家，共同組織「海軍公司」獨攬該國海軍之事。

凡是該國船隻運入原料時，都需經由該公司負責。該公司還必須親自向英國當局保證：所運原料確實是專供中立國自己用度，絕不會有絲毫轉輸入德國。同時，英國更是將人民的生活日常用品，也一一列入「禁運物品名單」之內。當時歐洲中立各國，雖然都具有一定的軍事實力，但對於英國這種違背國際公法的行為，也只能忍氣吞聲，聽其安排。中立各國中只有美國（指美國尚未參戰以前而言），具有與英國力爭的資格。但後來英國又利用美國需要英屬各殖民地原料的機會，與美國方面訂立條約：以後不可再將羊毛、橡膠等物輸入德國。於是美國也陷入了英國的圈套。

至於德國方面，海外來源既然已經斷絕，國內糧食就變得非常缺乏。至於其他方面的物資，則由國內的學者想盡辦法，透過發明創造來補救。比如，當時的「氮素」這種東西，國內非常缺乏，曾使德國火藥及肥料之製造，一時陷入

了極其危險的境地。等到後來德國學者發明了從空氣中提取出大批「氮素」的方法，這種困境才得以解除。又如當時紡織線缺乏，德國又發明了木料製絲的方法，使其紡織業不至於癱瘓。

　　總之，在大戰短短四年之中，德國人的發明之多，實在使世界各國驚駭不已。在其他方面，德國又利用中立各國需要德國煤炭、藥材以及化學用品的弱點，暗中與中立各國訂立交換貨物的條約。這樣以後，戰時歐洲中立各國輸入德國糧食的數額，竟然比戰前還增加了；與此相反，當時歐洲中立各國輸入英國糧食的數額，卻比戰前減少。所以專就「經濟戰爭」一項來說，德國也取得了一定的成功。

　　但是，大戰之時，德國的壯丁全都要開赴前線作戰。同時，又因要趕造大批槍彈（當時德國動員了大批的女工，但仍缺乏勞動力），以至於國內其他生產事業難免面臨停頓。雖然戰爭期間曾經試用各種「戰爭經濟」的手段來補救，但後來終於因為各方面的力量消耗殆盡，不得不接受失敗。

　　所謂「戰爭經濟」的說法，是指一國與其他國交戰之時，一方面國內最能工作的壯丁，必須開赴前線作戰；另一方面又因為敵國的封鎖，以致國內原料、糧食的來源，無不大受打擊。這時，國內經濟生活頓時處於一種特殊狀態，必

譯者序

須採用各種特殊的經濟手段來處置。學者因此稱之為「戰爭經濟」。比如，德國在大戰期間所採用的「經濟效率原則」（停辦一切小工廠，專用大工廠生產，以免多用人工煤炭）、《救國服役條例》（限制工人進退自由，以及女工代替男工）、「限制國民糧食消費」、「重要原料收歸國有」，等等，都屬於「戰爭經濟」範圍內的處置措施。

依照德國以前的政治體制，全國的經濟事宜由內務大臣掌管。這本書的作者卡爾‧赫弗里希，曾以內務大臣的資格，主持一切「經濟動員」，他所用的方法，很多都是前所未有的；都是靠辛苦的摸索，從一點一點地經歷中得出來的。所以這本書的取材，並不是像普通「教科書」那樣，錄入各種組織條文，而是在事後追述當時創作的艱難與得失，用來讓後人做個參考而已。

王光祈

編者序

編者序

　　譯者是中國近代著名的社會活動家王光祈先生，字潤璵，筆名若愚，出生於一八九二年。王光祈於一九〇八年進入四川高等學堂下設的中學學堂讀書，並於一九一二年完成學業。同年，孫中山為培養革命志士，在北京創辦中國大學，宋教仁、黃興先後擔任校長，王光祈於一九一四年到北京，第二年考入中國大學學習法律，並擔任《京華日報》編輯，開始半工半讀的「北漂」生活。

　　王光祈積極倡導新文化運動，並以切實的行動將愛國的主張付諸實踐。待到一九一九年「五四運動」爆發時，他還參加了火燒趙家樓的示威活動。這一把大火拉開了新文化運動的序幕。一九一九王光祈和曾琦、陳淯、李大釗等人成立了「少年中國學會」，同年，在李大釗、陳獨秀、蔡元培等人的支持下建立「工讀互助會」。

　　為了救亡圖存、報效家國，王光祈於一九二〇年四月，趕赴德國，在法蘭克福學習政治經濟學，同時還擔任北京《晨報》、上海《申報》的駐德國特約通訊員。當時的中國正處於新舊文化交替變革的時代，許多封建思想、勢力都還根深蒂固地存在著。像王光祈那樣已經甦醒的仁人志士，在勤工儉學的同時，時刻不忘探索振興中華的道路。

　　王光祈在留學期間廣泛涉獵、關注時政新聞、翻譯了許

多不僅在當時,即使在現代也不落伍的新書。《經濟戰爭與戰爭經濟》就是翻譯自德國經濟學家赫弗里希的名作《世界大戰》中的一部分。如譯者序所說,該書的作者作為德國財政大臣及內政大臣的身分,親歷了第一次世界大戰,並親自參與、主導了一些戰時經濟政策的制定和實施。書中提出的「經濟戰爭」和「戰爭經濟」的觀點非常獨到而且符合實際情況。那場戰爭雖然已經距離我們很遙遠了,但是那場戰爭帶給人類的巨大影響不能說完全消失了。

回顧那場戰爭。完成統一並在工業革命下實現經濟飛速發展的德國,在一九一三年已經成為世界第二大貿易國。戰前,德國已是歐洲第一大經濟體了。西南部的法國與東部,經過農奴制改革後也逐漸強大的俄國,嚴重威脅著德意志帝國的利益。世界早已被英法等列強瓜分殆盡,實力強盛的德國在世界各地積極擴張的舉動,引起了英法俄等國的強烈不滿。

德國透過「大陸政策」和「均勢外交」來遏制法國,阻止法國和俄國親近,隨著好戰皇帝威廉二世的上臺,試圖壓制普魯士「軍國主義」勢力的俾斯麥(Bismarck)下臺了。以德國為首的新型殖民主義國家結成同盟,強烈要求重新瓜分世界;英法俄等老殖民主義國家也紛紛簽訂協約,戰爭一觸

編者序

即發。終於，奧匈帝國皇儲斐迪南大公（Ferdinand）被刺殺後，俄國和奧匈帝國在巴爾幹半島上的矛盾再也不能透過談判消除，一戰爆發了。

戰前，德國的綜合實力是不用懷疑的，奧匈帝國也是列強之一。但從整體來看，協約國（義大利於一九一五年由同盟國倒向協約國）陣營無論在人口還是在地域上都遠比同盟國陣營多，再加上一九一七年美國參戰，更大大增強了協約國陣營的力量。即使是在這種懸殊的力量對比之下，德國仍然能夠取得一系列的戰果，且到了戰爭後期，戰爭雙方都死傷慘重，到了難以為繼的地步。

德國能在重重封鎖之下，在東西兩線同時作戰的情況下，也不至於慘敗，可以說除了軍事指揮因素之外，這跟德國戰時的一系列經濟政策有很大關係。但是，在巨大的消耗戰爭中、在經濟封鎖之下，軍需、兵源都面臨著緊缺狀況，同盟國最終還是失敗了。也就是說，那場大戰，既有充滿硝煙的炮火戰爭，也有看不見硝煙的經濟鬥爭。

總體來說，現在的世界是和平的，我們也不希望再有戰爭。但是不能說沒有矛盾存在，國與國、地區與地區之間仍然有對立現象，經濟體之間仍然有不斷的貿易衝突。「以史為鏡可以知興替」，我們了解戰爭，最終是為了避免

戰爭，或是在面對難以避免的戰爭時能夠採取主動的應對策略。

我們在一戰時由於國弱民窮，雖然對德宣戰，但只能提供幾十萬勞工，且戰後不能為自己的主權發聲。

關注時政的人都知道，當前的世界並不是真正的太平。當二〇一八年四月十三日晚，美國宣布對敘利亞實施「精確」打擊時，我們只能說：「我們不是生活在一個和平的年代，但我們有幸生活在一個和平且強盛的國家。」當美國於二〇一八年一月毫無道理地挑起新一輪中美貿易戰時，我們知道，經濟戰爭隨時都會打響。

經濟戰爭，是針對經濟的戰爭。戰爭的一方採用一系列軍事、政治手段以期達到削弱、摧毀敵方經濟力量的策略目的，最終使戰爭局面有利於己方。

戰爭經濟，是應對戰爭的經濟。戰爭的一方為了打破敵方施加的經濟封鎖，或緩解因戰爭而造成的經濟困境，而採取一系列非常手段，實施一些戰時的特殊政策，以支持整個戰事。

「家事國事天下事，事事關心」這是我們的先賢留給我們的醒世名言。作為一國的國民，更應關心歷史、時政和經濟。以上兩段是本書中主要論述的內容，本書圍繞這兩個觀

編者序

點，以德國為主線，深度剖析了一戰兩大陣營之間的炮火戰爭與看不見硝煙的經濟戰爭。由此可見，本書對於我們分析當前世界形勢來講，尤為適當。

王光祈先生的譯本對原著整體脈絡的掌握自然準確無誤，但由於先生處於新舊文化交替的時代，其譯本中的語言存在諸多文白雜用之處，且有許多人名、地名、重大事件的翻譯與現在的通用翻譯不同，使現代人特別是年輕的讀者讀起來難免有些困難。為了使這本論述精闢的好書不淹於歷史洪流，我們謹以一顆虔誠的心，懷著緬懷先輩的心情以及鼓勵今人居安思危的態度，在多方查證、認真修改、不改動原書表述宗旨和意思的基礎上，對原譯本做了一些修改。由於年代相對久遠、所需資料有限，書中的不妥之處，敬請讀者指正，謝謝。

第一章　內務部

 第一章 內務部

第一節　接任內務大臣

在戰爭（第一次世界大戰）剛開始的時候，我（卡爾‧赫弗里希，德國經濟學家、政治家。見圖 1.1）以財政大臣的資格，主持戰爭財政事務，曾有機會參與各種重大經濟問題的討論。到了一九一六年五月底，我被任命為內務大臣，其職責，據《戰前政治機關組織條例》規定，是主管全國經濟事宜。

五月六日，國務總理（德意志第二帝國首相）特奧巴登‧馮‧貝特曼‧霍爾維格（Theobald von Bethmann-Hollweg。見圖 1.2）曾告訴我，現任內務大臣兼國務副總理以及普魯士（普魯士統一德意志各個邦國後，成為德意志第二帝國內最大的王國，其國王兼任德意志第二帝國皇帝）政府副大臣德爾白呂克（Delbrück）早已決意辭去本職及所兼任的各項職務，現在他辭職的意願更堅定了，迫切希望政府批准自己辭職。原來德爾白呂克在戰爭開始之前，本來打算請上幾個月的假期，好調養一下自己的病體。後來，戰爭突然就到來了，於是德爾白呂克就將請假的計畫取消了，繼續主持了兩年本職

第一節　接任內務大臣

及所兼任的各項工作。自今年開始以來,德爾白呂克的健康狀況,一天比一天差。因此,每有重要會議的時候,我往往代他出席。

圖 1.1：卡爾 · 赫弗里希

1908 年時為德意志銀行總裁,自 1915 年至 1917 年,在一戰時期擔任德意志財政部長,其在戰時主張用借貸的方式籌集軍費,這跟傳統的徵稅政策不同。1918 年後,他調任德國駐俄大使,1924 年死於瑞士林索納的一場火車事故。卡爾 · 赫弗里希一生致力於研究政治、經濟,著述頗多。

第一章　內務部

圖1.2：特奧巴登・馮・貝特曼・霍爾維格
1909年威廉二世上臺後，其被任命為帝國首相，期間提出的許多意見都被接受。1914年因處理奧匈帝國皇儲斐迪南大公的措施不當，導致一戰爆發。戰爭初期曾提出詳述戰爭目標和德方狀況的「九月計畫」，1917年，陸軍作戰部的興登堡和魯登道夫掌握實權後，其被迫下臺。

現在，國務總理向我徵求意見，問我是否願意接替德爾白呂克，擔任國務副總理及內務大臣兩個職務。同時國務總理請求鐵路部門的主管大臣布賴滕巴哈（Breitenbach）擔任德爾白呂克離任後空缺出來的普魯士政府副大臣一職。我當時也在普魯士政府任職，而且是政府各大臣中最年輕的一個。

第一節　接任內務大臣

當國務總理向我徵求意見時,提出了使我無法推辭的種種理由。我也非常清楚:脫離財政部,心中很難過;接任內務部的繁雜事務,心中也很惶恐,有一種跳入黑暗境域前途茫茫的感覺,超過了以前剛接任財政大臣時的感受。

至於我調任之後空缺出來的財政大臣一職,則由當時亞爾隆斯羅連大臣儒丹(Rdern)伯爵接任。

五月二十二日,皇上(德意志末代皇帝威廉二世。見圖1.3)在柏林好景宮(Schloss Bellevue,貝爾維尤宮。見圖1.4)中,正式任命我為內務大臣,當時皇后(奧古斯塔‧維多利亞,Auguste Viktoria。見圖1.5)誇我很大膽,使我受寵若驚。

我對皇后說:「如果是必須要求要做到的事,其結果也一定是可以做到的。」皇后聽後就退回去坐下,並帶有譏諷的神情,說道:「但求上帝保佑!」

六月一日,我正式接任了內務大臣的職務。

第一章　內務部

圖 1.3：威廉二世
德意志第一帝國皇帝威廉一世的長孫，1859 年生於柏林。1888 年其父腓特烈三世繼位三個月就死於咽喉癌，威廉二世繼位成為皇帝，他上臺之後就辭退了「鐵血宰相」俾斯麥，大力鼓吹軍國主義，支持德國擴軍，令德國陷入與英法等國的軍事競賽之中，終於導致了大戰爆發。一戰後德國戰敗，他被迫退位，流亡荷蘭。

第一節　接任內務大臣

圖 1.4：柏林好景宮

貝爾維尤宮，於 1785 年開始修建，在 1786 年建成，因科林斯式壁柱而知名，坐落在柏林蒂爾加滕的中部，鄰近勝利紀念柱，是德國第一座新古典主義建築，又名「望景宮」。其在二戰中遭到嚴重破壞後重修，自 1994 年起為德國總統府邸。

第一章　內務部

圖 1.5：奧古斯塔 · 維多利亞
她是德皇威廉二世的皇后,也是威廉二世的表姐。他們曾遭到威廉家人的反對,但在俾斯麥的支持下,他們最終結合。奧古斯塔與威廉二世共育有六子一女。

第二節　內務大臣職務

當時，內務大臣掌管一切內務以及聯邦會議、社會政策、經濟問題等各種事宜。只有關於經濟問題一項，稍稍受到一些限制。在大戰之前，關於對外貿易的事情，外交部方面已經特設商政專司管理；並會同內務部各要員，隨時討論辦理的辦法。當大戰開始的時候，軍務部方面，凡與軍隊武裝、軍隊給養有關的問題，加上因為戒嚴狀態以及由戒嚴狀態所產生的軍事當局的特權，尤其是該部所屬的「軍用材料司」，立即將一部分重要經濟問題接手過去自行處理；軍事機關所施行之緊急處置措施，往往比民事機關根據八月四日法律所能夠使用的緊急處分特權迅速。

按八月四日的法律，曾授予「聯邦會議」一種特權，即「在戰爭期間，如遇有損害經濟組織的事，可以用緊急條例作為救濟」。但是「聯邦會議」是一種團體組織，其代表必須等待本邦政府訓令到來，才能表示贊同與否。相關手續雖已

第一章　內務部

遠比召集國會討論簡單,但還是過於笨拙,沒有軍事機關直接施行緊急處分便捷。此外,軍事機關與民事機關之間,關於彼此的工作範圍,也從未正式劃分得清楚。因此,軍事機關如果認為某種經濟問題與軍事關聯性很大,必須立刻解決時,往往直接加以處置;反之,又有許多經濟問題,原來是由軍事機關著手辦理,後來經常移交到內務部,由內務部接手將其處理。為保證政策的統一性和連貫性,軍事機關和內務部雙方時常各派代表,召開會議,來保持聯繫溝通。

當時,在內務大臣調換的時候,同時將該部原來所管事務之一的糧食問題,劃出另外組織機關專門辦理。

第三節　戰時給養問題

關於給養問題方面，當時就達成了一致的意見：必須要組織一個嚴密靈活的戰時特別機關來專門管理。除了「聯邦會議」方面對於這件事必須詳細制定法律外，其餘如內務部以及許多中央政府、各聯邦政府等，對於制定及施行《給養條例》這件事，也得派遣專員列席，參加討論。最終結果卻是，施行條例既不能統一，決議案件的施行也非常遲緩。因此，將糧食問題，改由國務總理掌管，並設定「戰時給養局」的職位，讓專人幫助國務總理辦理相關事宜。

我在尚未接任內務大臣之前，對於這種解決方法，曾表示同意。在一九一六年五月二十二日，我被任命為內務大臣的時候，「聯邦會議」方面也在同時宣布《戰時給養條例》，並授國務總理以沒收一切民用糧食儲備及民用器械的特權，以及解決民用糧食儲備問題所需的緊急處分權利。國務總理當天就公布：特設「戰時給養局」一職。所有國務總理關於

第一章　內務部

糧食問題的特權,均由該局督辦加以處理。至於局長一職,則由時任東普魯士郡長巴妥基(Batocki)擔任。

從此以後,國民糧食問題,就跟我負責的內務部方面脫離關係。但是,有關糧食的進出口問題,則仍由內務部方面辦理。這是因為,由國外進口人民所需的糧食,必須要跟各友邦或中立國進行各種經濟交涉,這些事情都屬於內務部的事情。

除此之外,我以國務副總理的身分,也可以或多或少地參與一些戰時糧食督辦的事情。根據一八七八年法律所規定,新任的戰時給養局不具有臨時代理國務總理的資格。因此,臨時代理國務總理的事情,仍屬於我的職分。就糧食問題與其他一切經濟問題的密切關係而言,這種解決辦法是很有必要的,這樣可以便於中央對於戰時糧食問題,有一個統一籌劃,以免因為糧食問題獨立經營,導致整個戰時經濟組織陷於分裂的狀態。

但在實際上,因為某些其他的關係,我參與這項戰時給養事宜的權力,大大地受到限制。因為,之前的國會中,原有一種「國民糧食委員會」的組織,自「戰時給養局」成立以後,每有條例頒布,必須先與該委員會商議。起初,我想要親自兼任該委員會主席,以便達到監督作用。但後來因為這

第三節　戰時給養問題

個委員會開會次數多,開會時間又長,以及我的其他職務非常繁冗,我想要親自擔任委員會主席的事情也就不了了之。

最終,政府不得不在一九一六年七月底時,決定將主席一職委託給戰時給養局局長擔任。凡是有「國民糧食委員會」商議後批准的條例,就送到我這裡簽字。如果對報送過來的批覆申請有異議,就勢必再行經過一番遲緩笨重的手續;而等待批覆的問題又往往非常急切,不能有一點的延誤。因為這個原因,我只限於萬分重要之事件,才做出駁回的舉動,其餘次要的問題,或是我認為不很緊要的問題,也只能不管好壞,把我的名字署上就行了。

現在仍然記得有一次,因為《雞蛋強迫條例》之事,我當天就認為不妥當,曾與戰時給養局局長巴妥基先生力爭過。但此時這個條例已經過「國民糧食委員會」商議批准,而巴妥基先生也一再堅稱此事已是板上釘釘,很難更改,並說什麼推翻委員會方面的決議(其實這種決議,只帶一種條陳性質)是多麼的困難。我做這種違背心意的事,實在不是一次了。後來因受時事逼迫(陸軍元帥興登堡以辭職相威脅,使威廉二世命令貝特曼辭去總理職務),國家元首竟不得不打破「統一戰時經濟組織原則」,將「戰時給養局」升為「糧食大臣」並將代理國務總理改由「糧食大臣」擔

 第一章　內務部

任。一九一七年七月，威廉二世任命格奧爾格・米夏埃爾（Michaelis）為國務總理，任命瓦爾多（Waldow）擔任糧食大臣，同時內閣改組問題告一段落。

但當時內務部職務之中，除去一切內務事宜及給養問題之外，有關於經濟方面的事務，仍是十分繁冗。當時戰爭規模擴大，戰事持久，與敵人與日俱增的嚴厲經濟封鎖有關，再加上內務部辦事人員，在戰爭期間大為減少，造成經濟事務日益繁難。在戰爭初期，一般的少年辦事人員，必須荷槍前往戰線服役。其餘一部分辦事人員，或調往各種軍事機關補充就任臨時辦事人員，或調往德軍占領區域，管理行政事務。同時，由沒有具有正規訓練的候補人員來彌補這個缺口。因此，內務部中所餘少數辦事人員，都承擔了前所未有的工作壓力。此外，國會召開議會的次數逐漸增多，使工作更為繁冗。比如開戰後的第一個半年期間，國會只召開了三次大會，所用時間也很短，會議的速記紀錄只有二十三頁。

到了第二個半年期間，也只開九次大會，會議速記紀錄共有一百八十六頁。可是，到了第六個半年期間，（一九一六年二月一日至八月一日）竟開了三十七次大會，共有會議速記紀錄一千二百八十頁。至於國會中的各種委員，也是讓我們的辦事人員費時費力。我在內務大臣的任期

第三節　戰時給養問題

內,經常從早晨九點鐘或十點鐘,一直做到晚上七點鐘或八點鐘,才能將事辦完。有時甚至工作到午夜以後才能離開辦公室;第二天一早就得早起,再繼續忙碌。其他重要部門的大臣,當然也是這樣忙碌。

這樣事務繁重的機關,承擔的重任是,必須盡快將戰爭期間與日俱增的各種經濟問題,一一加以解決,其困難程度可想而知。

第一章　內務部

第二章
處於圍困之中的德國

 第二章　處於圍困之中的德國

第一節　德國海軍的實力

　　協約國方面，除了對待中立各國採用殘忍手段，藐視國際公法，毫無一點顧忌外，更在英國領導之下，完成其對德國實行經濟封鎖的圖謀。

　　德國商船旗幟，自開戰數日之後，就已經不在公海上出現了。當時我們艦隊的實力，雖足以威嚇英國海軍，使其不敢靠近德國海岸，或駛入德國東海，但從一九一六年五月三十一日斯卡格拉克海峽（Skagerrak，在挪威與丹麥之間）之戰（著名的日德蘭海戰，德國取得戰術上的小勝，但是之後遭到英國強大海軍的封鎖，再不敢出港。見圖1.6）後，使英國深深感到中國海軍的強大實力；或者由此竟使英國對自己最為信賴的海軍產生懷疑，因為要消滅我們的艦隊會使自己大傷元氣；結果遵照國際公法規定，封鎖德國各處海港一事，沒有實行。但在其他方面，德國海軍的實力，卻還是不足，不能直接開往英國海軍根據地，與英國海軍一決雌雄。

第一節　德國海軍的實力

海軍方面雖然運用戰術，在上一次海戰中擊敗了英軍，但是之後再也不敢有那樣的冒險動作了。於是，我們的海軍，只得停泊在北海和東海之內，被敵人牢牢地封鎖住，成了一支名副其實的「存在艦隊」（一種西方海軍戰術理論）。因為我們一旦出港，就有被消滅的可能；反之，英國方面，雖然犧牲了一些艦艇，但是英國強大的軍工業很快就替英國海軍補充。

而且，在策略上，英國海軍自從將德國停泊海外的若干巡洋艦加以割除之後（當時該巡洋艦等曾奮力抵抗，但我們的艦隊終因寡不敵眾而敗），繼續保持著海洋霸主的地位。其間雖有德國巡洋艦，如：白鴿號、狼犬號做出一些小的反擊動作，但對於德國在整個海上的處境，也沒有什麼實質性的幫助。從此，德國商船必須停在德國，或各中立國海港之內，不能出港一步。而協約國（英國、法國、俄國、義大利、美國等國）商船，則一直到潛艇戰爭（德國發起的「無限制潛艇戰爭」。）開始之時，都可以橫行海上而不用擔心受到任何重大騷擾。

第二章　處於圍困之中的德國

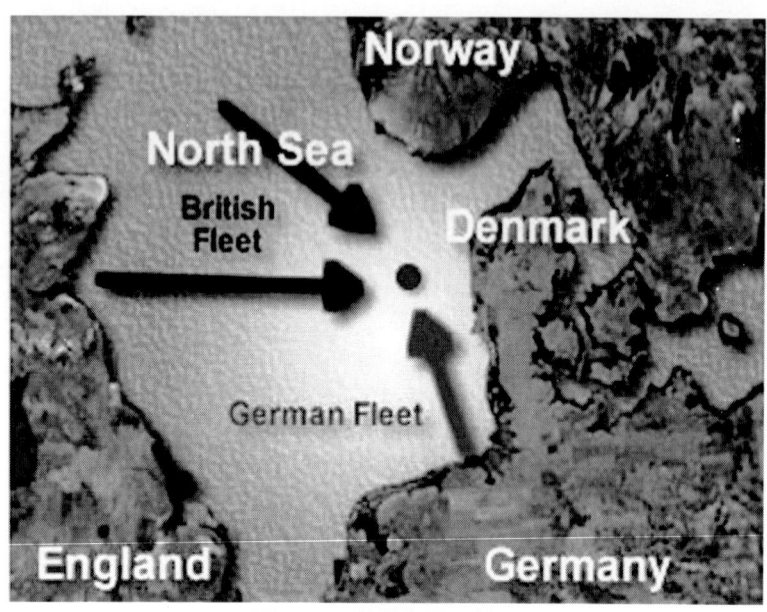

圖 1.6：日德蘭海戰形勢圖

德國稱其為斯卡格拉克海峽戰役。1916 年英國出動皇家海軍 33 艘,德國公海艦隊只有 18 艘戰列艦。德軍計劃以少數戰艦和巡洋艦襲擊英國海岸,誘敵艦前出後,集中公海艦隊主力將英艦聚殲。英軍統帥分別為 Beatty 元帥和 Jellicoe 上將;德軍統帥分別為 Scheer 少將和 Hipper 上將。

第一節　德國海軍的實力

圖1.7：遭遇德國潛艇襲擊的商船

　　1917年2月，德國為迫使英國退出戰爭，進行無限制潛艇戰爭，主要是針對向英國運送貨物的商船，企圖對英國進行海上封鎖。這項軍事破交戰雖然取得了不小的戰果，但也觸動了美國的利益，導致美國參加協約國，最終英美聯合挫敗了德國的無限制潛艇破交戰術。

第二章　處於圍困之中的德國

第二節　禁運物品名單的擴充

　　協約各國既然沒有能力封鎖我們的海岸，於是我們的對外貿易，可以利用各中立國商船，仍然照舊進行，但只希望不與國際公法規定相牴觸。

　　英國方面，自開戰之始，就極力設法奪去我們這種貿易的機會。該國海軍既然沒有封鎖我們海港的能力，就想出一種「航路商業檢查」的辦法。這個方法，雖與國際公法十分牴觸，但就斷絕我們的海外交通來說，卻十分有效，遠比嚴厲封鎖我們的海岸有用。

　　關於萬國海航公法一事，英國政府曾於一九○七年的「海牙和平會議」之後，邀請各國開會討論。並將舊日通行的各種國際海航條例及習慣，加以整理，定為一種「成文法」，即一九○九年二月二十六日所發出的《倫敦宣言》(倫敦海戰法規宣言，首次系統闡明海戰法規則的國際公約。由美國、英國、法國、俄國、德國、日本、荷蘭、義大利、西

第二節　禁運物品名單的擴充

班牙和奧匈帝國等國於一九〇九年二月二十六日在倫敦簽署，未正式生效）。當時與會各國代表（英法兩國代表當然也在內），曾於該項宣言之內，特別宣告：稱該項宣言所定，大體上與國際久已承認之航海原則相符合。但其後英國政府對於此項宣言，卻直到歐洲戰爭開始之時，尚未加以批准。因此，開戰後數日，美國政府才向參戰各國政府叩詢，是否願將上項《倫敦宣言》作為海戰公法，並說：如能作為海戰公法，則將來參戰國與中立國間，就不至於發生重要誤會。

當時德國政府及其聯盟國與奧匈帝國政府，立即回答美國政府，表示願意承認該項宣言為海戰公法；反之，英國政府方面，則稱該項宣言，必須加以若干變更及增補，才能承認。英國這種「變更與增補」不久後出現在了一九一四年八月二十日所制定的條例之內。其中大部分，已完全與《倫敦宣言》所制定的「國際通行海戰原則」相背。而英國政府對於「非禁運物品」本來早經《倫敦宣言》承認其不具有軍用性質，或只能間接用於軍事目的的物品，依照通行海戰條例，不應視作「禁運物品」。

此外，英國政府還將《倫敦宣言》中所謂「相對的禁運物品」（換言之，即此項物品，如果確實是帝國宮廷或軍隊需要的，則作為「禁運物品」來定）也設法加以取消，這就意味著，「相對禁運物品」也被列入禁運名單。結果導致中

第二章　處於圍困之中的德國

立國為參戰國代運「相對的禁運物品」,尤其是代運糧食及工業原料的事,從此也不能再做了。英國這種舉動,不但有違《倫敦宣言》而且全與英國自己在《倫敦宣言》以前所宣布的海戰條例相背。

當時美國政府(美國在參戰之前是中立國,可以透過為交戰各國運送物資獲取高額利益),在其抗議無效的許多通牒中,曾有一次,特將英國爵士沙里斯堡(Lord Salisbury)在南非戰爭之時所發出關於海戰條例的宣言,抄給倫敦政府請教。按該爵士的宣言,有這樣一句話:「糧食,用以資助敵方時,才能作為『禁運物品』來說。此外,僅憑藉敵人軍隊應用儲備物資的嫌疑,也不能就當作『禁運物品』,而必須具有真憑實據,證明該項物品,在被查獲時確實是用來資助敵軍的,才能認為是『禁運物品』。」

上述一九一四年八月二十日英國所制定的海戰條例,後來日益加劇。其目的,不但想使德國軍用材料,甚至於德國居民生活的必需品,從此也不能再由中立各國船隻供給。到了一九一六年四月二十三日,英國方面更是釋出一種條例:對於「相對的禁運物品」及「絕對的禁運物品」之分別,從根

第二節　禁運物品名單的擴充

本加以取消。到了一九一六年七月七日,英法兩國政府,簡直毫不客氣,將已變成千瘡百孔之《倫敦宣言》完全加以否認,不惜一切代價地對德國進行經濟封鎖。

第二章　處於圍困之中的德國

第三節　英國宣布北海為戰爭區域

　　但是僅僅擴充「禁運物品」名單，嚴厲檢查「禁運物品」仍不能完全達到英國政府的目的。僅在海洋上，扣留檢查船隻一事，就很麻煩，而且很危險，英國政府也收效甚微。

　　因此，一九一四年十一月初，英國政府方面，就已決定通知各中立國政府，宣布北海（大西洋東北部的邊緣海。見圖1.8）全部為戰爭區域。並稱：蘇格蘭與挪威間的北海入口要道，已有施放炸藥的必要。同時，又向來往荷蘭、丹麥、挪威以及東海沿岸各國的船隻，緊急勸告：以後宜沿英吉利海峽（英法兩國之間的海峽），及多弗（Dover）航線駛行。然後再由多弗海峽（連線英吉利海峽和北海），在英國政府的指引下前往目的地。

第三節　英國宣布北海為戰爭區域

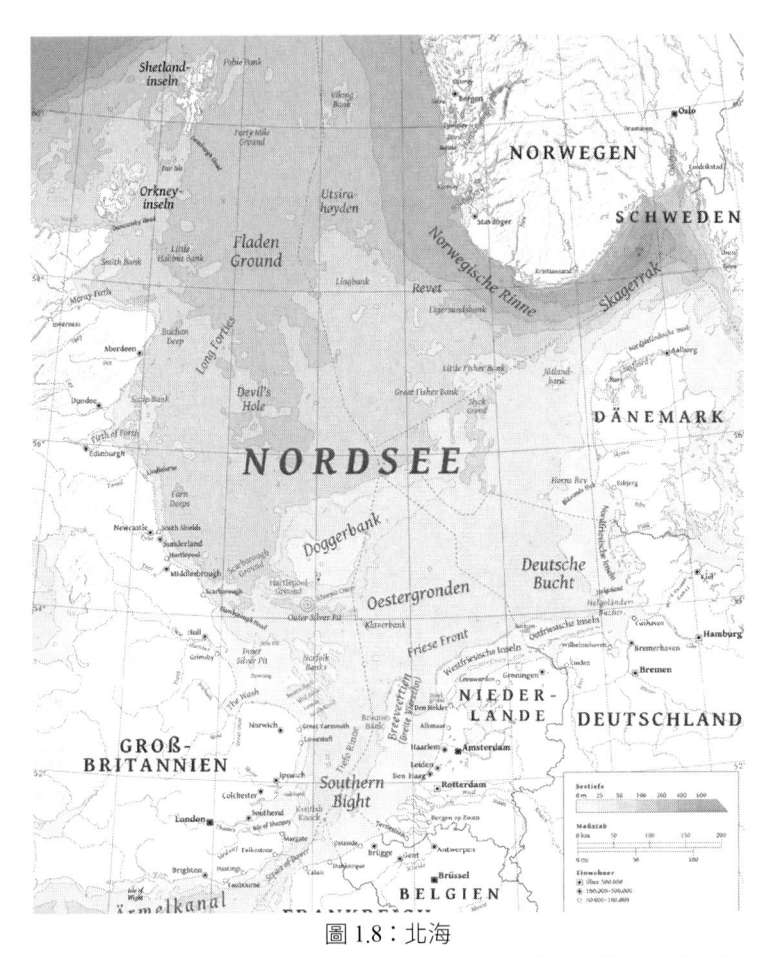

圖 1.8：北海

英國為了維持海上霸權地位，並對德國進行海上封鎖，在戰爭初期就宣布整個北海為戰爭區域，並在該海域布置水雷，還嚴查過往的中立國船隻，並在 1915 年宣布將扣押向德國運送物資的船隻。作為報復，德國宣布英國沿海為戰爭區域。

第二章　處於圍困之中的德國

英國此項通知的成效，不但使德國海岸被封鎖，而且使北海、東海沿岸各中立國的海岸，也處在英國的封鎖之下。

這種違背國際公法的舉動，在一九一五年三月一日，由英法政府再發一種宣言將其加劇，按該項宣言，曾稱：英法政府，從今日起，對於一切船隻，凡是為敵國採運物品，或有裝運敵國貨物的嫌疑，都須將其扣留，押入協約國的海港內。

當時各中立國對此曾提抗議，尤其是北美國家。一九一五年三月三十日，美國曾對協約國方面下過一次通牒，指責協約國政府：不具有封鎖的必要條件，卻使用封鎖的各種權利；對於一切嫌疑船隻，不實行正常的海洋檢查，而是將其押入自己的海港；以及斷絕各國對德通商，尤其是斷絕德國對於各中立國的輸出的種種不當行為。美國提出了可謂義正詞嚴的抗議。但美國向英抗議的情況，直至一九一五年年底，其間曾交換無數通牒，反覆辯論，而結果終成一紙空文。

其後英國方面對於檢查船隻的舉動，越來越嚴了。只要是開往德國鄰近各中立國海港的船隻，或由德國鄰近各中立國海港開出的船隻，必須自行前往協約國海港報到，請求檢查，否則將受沒收的處分。

第三節　英國宣布北海為戰爭區域

　　所有英國方面採用各種威嚇手段，以使各中立國船隻，不敢再開往德國海港，或為德運輸物品的事，我在此難以一一列舉。

　　現僅舉英國利用賣給船煤一事，威迫中立船隻情形如下：自一九一五年十月以後，各中立國船隻，如向英國買煤自用；必須先行申明，該船此後全受英國之煤，而不准購德國之煤。於是英國政府乃向彼等宣言：德國煤炭，屬於敵貨之列，照例應該沒收等等。

　　英國政府毫無顧忌地利用其海上霸權，以壓迫中立各國。而這些中立國只能空提抗議，聽其肆虐。其中尤其以與德鄰近的各中立國，最受損失。

　　但這些中立國既無政治和軍事上的勢力，又無經濟上的實力，去抵抗英國及其盟國。而且這些中立國的民用物資來源、工業組織，大部分與海外運輸具有密切關係，不能獨立自主。

　　因此，協約國方面，有時竟在這些中立國的疆域之中，採用對抗德國的行動；這些中立國也是一再隱忍；甚至有的中立國乾脆加入協約國一方了。

　　在各中立國內，只有美國，為了公法、人道（按國際公法為顧全人道，曾規定，一切敵視行動僅僅限於參戰國家）

第二章　處於圍困之中的德國

曾經發出過幾次有力的抗議言論。當時,美國彷彿大有斷然起而擁護海上自由之勢頭,但是到了最後,仍是變成了紙上的抗議,沒有達到什麼作用。

第四節　監督中立國的商業

戰爭期間，英國方面又強迫中立各國實行其制定的「禁止與敵通商」的條例。戰爭剛剛開始，英國就遵循舊例，通告本國人民，不要與敵人通商。沒過多久，其他協約各國也紛紛效仿。現在英國更是霸道地強迫中立國也遵從這個條例。

英國這種強迫行動，甚至於在美國方面，也收到了一些成效。在一九一五年二月時，英國曾阻止美國販賣羊毛給德國，就取得了成功。當時英國政府曾通告所屬各殖民地，此後從美國批發羊毛，只能由美國紡織公司一家包辦。同時，該美國紡織公司又向英國立約擔保：此後該公司出賣羊皮時，必須先與顧客制定嚴厲的條件，以防有輸入德國的可能。

同樣，英國也將美國的橡膠物品輸出，置於自己監督之下。美國所需橡膠原料，約有百分之七十來自英國殖民地，

第二章　處於圍困之中的德國

百分之三十取自巴西。而巴西的橡膠工業，又有一大部分為英國資本所辦。於是，英國利用這種勢力，與美國橡膠公司訂約：此後美國輸出橡膠製品到歐洲時，只能取道英國，而且必須先行取得英國許可才行。不但這類物品受到管制，甚至於美國本地產品，有時也被置於英國監督之下。

當英國於一九一五年八月，將棉花視作「禁運物品」之後，關於美國運輸棉花進入歐洲這一商業行為，只能由利物浦棉花交易所（Liverpooler Baumwollbrse）包辦。而包辦之人也須保證，絕不直接或間接將棉花輸入德國。此外，英國對於美國的金屬工業，尤其是冶銅業，也進行監督。除上述各種英美商業合約外，英國更與美國重要輪船公司訂立若干合約，即各種輪船運貨之時，需要裝貨之人做出擔保：確實沒有違反英國的各項海運條例。同時，英國政府對於做出擔保的輪船的檢查也給出例外，比較放鬆。

上面講的英國政府與美國商人訂立各種合約的舉動，還算是由於彼此善意諒解，最多只能稱為一點輕微壓迫；反之，英國對於其他各中立小國，則毫不客氣，讓各中立小國無不深受英國鐵拳壓迫之苦。

所有與德國為鄰的各中立國，每年運輸物品的數量，均由協約國方面加以限制。至於具體的限制情況，由英、法、

第四節　監督中立國的商業

義、俄四國代表所組織的委員會，在巴黎議定。因為各中立國船隻受到這種嚴重限制，他們在海外運輸上投入的資本，當然不能不盡可能地節約，已經到了只求本國勉強夠用，實在無力再將貨物轉運到德國的地步。但英國政府仍然覺得不夠，不停地要求各中立國政府，禁止對德輸入。英國要求禁止輸入德國的物資，不僅是指海外採購的貨物，甚至於這些中立國本國的土產，也包含在內。此外，英國政府還設定了一個監督機關，嚴查與德為鄰的各中立國，每年運往海外的貨物是如何處置的，以免有供給漏網進入德國。

最初設立這項監督機關的，是荷蘭海運公司，成立於一九一四年十一月。其創辦方為荷蘭各大輪船公司，以及荷蘭各大銀行及商舖。這個荷蘭海運公司，曾與英國政府訂立條約：所有該公司代人裝運的貨物，英國政府可以允許其自由駛行，不會進行檢查扣留。但該公司必須向英國出具書面擔保，保證所運的貨物，以及由該貨物所製成的物品，全都是供給荷蘭本國使用。

同時，英國政府還將事後重行盤查之權，特別宣告保留。此外，該公司必須隨時向其委託運輸之商了解情況，所有荷蘭各商號的輸入事宜，全由該公司一手經辦，不能再委託其他公司運輸，並作出保證：該項貨物全都是供給荷蘭本

第二章　處於圍困之中的德國

國。如果商號想將貨轉讓他人，必須先經該公司同意才行。而且轉讓之時，接收轉讓貨物的一方對於該公司，必須特別宣告：願將出讓者對於公司所擔負的義務，一一照實履行。

該公司為實行上述各種條約義務，特與各種輪船公司，運輸商號、儲藏倉庫等等，訂立合約，以便隨時檢查。再加上荷蘭政府自己對於國界稽查特別的嚴格；對於私運貨物的船隻，懲罰特別嚴重。這就使荷蘭海運公司的檢查制度更加嚴密，所謂的漏網之事，就變得不可能了。

一九一五年秋季，瑞士方面在與英、法、義三國迭經交涉之後，也成立了一種類似荷蘭海運公司的監督機關，叫做 Société Suisse de Surveillance Economigve 及 Der Industrierat。兩方共同承擔監督的責任。在瑞典方面，則由 Transito 掌管檢查所謂權力。在挪威方面，則由挪威政府及英國領事通力合作。至於他們透過什麼方法最後完成商業封鎖制度，就不得不說「業政檢查」及「黑名單」兩件事。協約國方面，對於檢查業政之舉非常嚴厲。甚至是中立國的船隻，從中立國海港到另一中立國海港，也必須經過嚴格檢查。協約國方面在經過這種業政檢查之後，對於各中立國相互間的商業關係，更瞭如指掌。

此外，協約國還弄出一個「黑名單」，將擅自與德國通

第四節　監督中立國的商業

商的中立國,或具有對德通商嫌疑的商人姓名,一一列入「黑名單」之上,作為敵人看待,從此與之斷絕商業關係。

　　所有上述種種方法,其目的無非是想使當時陷入戰爭中的德國的民族生機完全斷絕。這種殘酷暴虐手段及商人狡猾伎倆所組成的「偉大」封鎖制度,在世界各國歷史之中,可以說是從來沒有過的。從前拿破崙(Napoleon)封鎖政策的範圍、方法及成效,若與這次英國所用的「商業飢餓封鎖」手段相比較,就只能算是一種「小孩遊戲」而已。英國這種封鎖政策,使身居歐洲大陸中心的一個大國,完全就像被敵人的炮臺長久圍困著一樣。

第二章　處於圍困之中的德國

第五節　占領地的原料及糧食情況

我們在前線屢次取得的軍事勝利，確實使我們國內的困難形勢得到一定程度的緩解，但是我們面臨的根本問題，卻從未因此而得到改善。

自從我軍迅速占領比利時及法國北部以後，就「經濟戰爭」一點來說，確實使我們的地位變得非常穩固。尤其是我們的原料來源，因此得到相當程度的擴充。

占領地內的各種生產機會以及儲藏的大批原料成品、半成品，確實彌補了我們本國土產及存貨的不足，使我們的給養得到大大的補充。現在但舉數事為例如下：法國東北部城市龍韋（Longwy）和布里埃（Briey）兩處的鐵砂，比利時的礦產，安特衛普（Antwerpen，比利時西北部城市）的造船材料，韋爾維耶（Verviers，比利時重要的毛紡織中心）及法國北部的魯貝市（Roubaix，法國最重要的製造業中心之一）、圖爾寬市（Tourcoing）的羊毛及毛紡織品，根特市（Gent，

第五節　占領地的原料及糧食情況

比利時西北部港口市)及里爾(Lille，法國北部城市)兩地的棉花、棉線、棉紡織品。後來占領波蘭時，又得到更多當地的紡織工業原料及不少半成品。

但是，無論在西部還是在東部的占領區域內，對於我們國內糧食困難的問題，卻均無任何幫助。比利時及法國北方，人煙異常稠密，本身就靠從外部輸入大宗糧食，才能維持居民生活。

同樣，波蘭的農業即使在平時，也已不能滿足當地人口的需要，像華沙(Warschau，波蘭首都)，羅茲(Lodz，波蘭城市)，奧波萊省(Sornowice，波蘭南部省分)各處，都屬於工業區域，而農業並不是很發達。立陶宛及庫爾蘭(Kurland，波羅的海沿岸小國)等地，因農業落後，人煙稀少，大戰期間變得更加荒涼，所以對我們也沒有很大的幫助。當時我們駐紮在該地的軍事機關，雖曾極力設法促進該地的生產，但都收效不大，這對於中國糧食問題，也就仍不能有太多的救濟。關於比利時及法國北方居民糧食維持的問題，後由美利堅及西班牙兩國所組織的委員會代為籌辦，這是我們減輕了一些負擔。不過當時我們必須宣言保證：我們不能奪取該委員會從美國輸入的糧食。這麼一來，比利時本地的農業生產所得只能為當地效力。

第二章　處於圍困之中的德國

　　難道他們所需的糧食應由我們自己在有限的糧食之中，撥出一部分去救援嗎？可是又不能聽任他們數百萬居民，在我軍後方活活餓死。這個問題解決後，對於我們自身所受「飢餓封鎖」的殘酷壓迫，卻未曾因占領了很多地域而略為減輕。

第六節　各盟國的糧食恐慌問題

至於與德聯盟的各國（奧匈帝國、奧斯曼帝國、保加利亞等），對於德國糧食困難的問題，也不能有所補助。

奧匈帝國，在大戰即將開始的幾年裡，本國的糧食需要日益劇增。

該國的農產出量，僅能供給本國居民，沒有一點剩餘。但，不管怎麼說，奧匈帝國能夠保證自己的糧食需要，已經比中國的情況好很多了。誰知道剛開戰不久，我們就發現奧匈帝國因為糧食輸入被敵封鎖，不能像中國一樣展開頑強抵抗。

同時，奧匈本國的物資生產也日益退步，其政府又不能嚴厲督促。

對於本國居民消費方面，政府檢查與限制的法令，都遠不如德國嚴厲。關於勤勉、組織、紀律等，奧匈帝國又都不如中國。

結果可想而知，我們自己雖然已經面臨著極感困難的糧

第二章　處於圍困之中的德國

食問題,但是對於這個盟國,也必須隨時準備援助。

等到征服塞爾維亞之後,我們對於另一個盟國保加利亞,也得適當地予以照顧。保加利亞本來是農業國家,該國的農業產出,平時常有剩餘。

但是自從開戰以後,農業大受影響。這導致他們不但不能幫助我們,連自給自足也很難做到了。糧食問題就成了後來保加利軍隊瓦解的重大原因。

同樣,土耳其(奧斯曼帝國)方面,這個國家的農業一直不發達,在大戰之前,每年都要從俄國進口很多的糧食,現在當然更加不能指望得到該國的援助了。

但在另一方面,保加利亞,尤其是土耳其,卻能供給我們許多其他的重要物品,如香油、肥脂、菸草、羊毛、棉花、絲綢、金屬物料之類。不過供給的數量,仍然非常有限。其主要原因在於,這兩個盟國的該類物資產出量也不是非常多;而且當時交通不便,也就不能運輸太多。戰前這兩個盟國出口入口,幾乎全經過海道;現在土耳其的出口物資,則只能由君士坦丁堡(奧斯曼帝國首都),利用單軌鐵路,取道保加利亞首都索非亞(Sofia)運送。

但這種鐵路,也早被軍事機關占用完了。此外,多瑙河航路原本是連線保加利亞與羅馬尼亞的要道,但多瑙河航路

第六節　各盟國的糧食恐慌問題

不是很暢通,所能運送的物資也多。

因此,這次大戰的時候,我們對於這條航路,必須時常加以疏通才行。

第二章　處於圍困之中的德國

第七節　德國戰時糧食情形

　　經上面的分析可知，我們國內人民的糧食問題，就不能僅靠本國農業，以及中立各國的輸入（盟國是指望不上了）。當時英國方面，雖極力實行「飢餓封鎖」，但我們仍可以設法從各中立國輸入。

　　我們本國的農業，因戰事的原因不免大受影響。第一，國內最能工作的人，都已經被抽調到前線去了。第二，因馬匹充作軍用，國內的數量也大大減少。第三，因為製造炸藥，需用很多的「氮素」，以至於製造肥料的元素就變得越來越不夠用了。再加上天氣不好，農業上面臨的問題更加嚴重了。

　　結果，一九一七年的黑麥、小麥收成，只有九百二十萬噸，這與一九一三年（按當年麥子收成最好的算）的黑麥、小麥收成一千六百五十萬噸比較，相差有多大，一看就知道了。同時，大麥收成也由三百六十萬噸，降低到二百萬

第七節　德國戰時糧食情形

噸。燕麥收成更是由九百五十萬噸，降為三百六十萬噸。在一九一六年時，馬鈴薯的收成，可以說是一落千丈。一九一三年及一九一五年的馬鈴薯收成，都是五千四百萬噸。而在一九一六年，則降為二千五百萬噸。

至於一九一七年之馬鈴薯的收成，共有三千四百四十萬噸，一九一八年之馬鈴薯收成，則為二千九百五十萬噸。關於牲畜方面，牛的數量，直到一九一七年，與戰前數量還相差不遠，但戰爭期間飼料缺乏，尤其是缺乏增肥增壯的飼料，所以牛的體重，難免大大地減輕。尤其是牛奶的產量，大大地縮減了。至於豬的數量，在一九一三年十二月一日，是二千五百七十萬頭。到了一九一七年六月一日，則減少到一千二百八十萬頭。除數量總額減少之外，所有各頭豬的重量，以及豬油的產額，也大為減縮。

透過上面所舉的例子，已能充分表示德國當時被敵圍困的艱苦而危險的情形。由此可見，德國當時是多麼渴望打破協約國方面的「商業飢餓封鎖」，以及多麼期盼能從各中立國方面設法輸入糧食與原料等物資。

第二章　處於圍困之中的德國

第三章
德國對付各中立國的手段

第三章　德國對付各中立國的手段

第一節　德國對抗的方法

德國可以用來對抗英國壓迫各中立國的方法,可以說少之又少。戰前世界商場之上,銷售一方競爭激烈。但自戰爭開後,這種情形發生了轉變。

國際商場之上,充滿了爭相購買與競價賣出並存的現象。這在各中立國方面也是一樣。現在的問題,已經不像從前的「國際商業」了,其實只是一種「海洋商業」。我們的敵國既然掌握有海上霸權,不但能將本國所產貨物,或其海外殖民地所產貨物,隨意賣給各中立國,或隨意將貨物扣留不賣。而且能將所有海外一切出產,全部禁止輸入歐洲各中立國,以實行其嚴厲封鎖的政策。因此,當時我們的敵國,就決意即使不顧一切公法,也要利用這種特別的機會遏制我們。

這樣一來,我們只有完全靠自己國內的物資生產來解決問題。而這種生產力量,又因為戰爭,或大受損失,或消耗

第一節　德國對抗的方法

太多。其中生產的重要物資,如煤炭、鋼鐵、柏油、藥材以及其他物資,雖然可以輸往各中立國以換取所缺的物資。但這種生產物資,我們也不能沒有限制地輸出;同時煤鐵兩種物資,又深受英美兩國商業競爭的影響。此外,我們最受壓迫的方面,仍在於協約國實行的禁止人民所用糧食與牲畜所需飼料輸入德國的「饑荒封鎖」。

因此,我們當時只能盡力利用各種有限的出產,與各中立國周旋,來謀獲相當利益。

第三章　德國對付各中立國的手段

第二節　輸出與輸入的集中監管

若要達到上述目的，必須將中國輸出的物資，全部掌握在國家手中。其實我們因考慮到這關乎本國軍事上、經濟上各種需要的安全性，對於某類輸出物品，早已禁止輸出。後來我們決定利用自己輸出，來對付各中立邦國。於是全國所有輸出事宜，絕對不能再放任私家工商業，讓其隨意開展貿易。

同樣，關於輸入的事情，也有特別加以整頓的必要。

我們採購中立各國貨物的事，本已十分困難。若再加上德國私家商人，在中立國市場之上互相競爭購買；則各種物資的價值，勢必將會增高，而中立各國商號的售賣條件，也將變得特別苛刻。

我們採辦外貨的購買力，也非常有限，必須隨時通盤籌劃。而且我們能獲得的少數外國期票，只能限於採購最為需要的貨物。

第二節　輸出與輸入的集中監管

在事實上，我們採購重要外貨時，其數量常常受到一定的限制。而且我們必須在輸出方面做出特別讓步時，才能接洽成功。所以，我們對於貨物輸入，不能不加以通盤計劃。

因為上述種種理由，於是我們對於輸出、輸入的集中監管制度，就應時勢需要而產生。但後來這種制度，卻受到人們的大加指責和批評。

這種集中監管制度的必要性，以及「經濟戰爭」的重要性，在開戰之初，都沒有完全顯現出來。不過國內經濟界一部分重要人士，在開戰後數星期之內，就已具有一種感覺：關於前往中立各國市場採購貨物的事情，似乎有統一進行的必要。因此，一部分工商人士，就聯合成立了種種團體組織。後來，這種組織的規模不斷擴大；並與其他一切仿照自己組成的類似團體聯合起來，為「戰時商業政策」效力。但在那時候，關於前往中立各國買賣貨物的事情，仍是十分缺乏統一的指揮。結果，只有利用「國會」授予「聯邦會議」的特權，實行強迫手段，就算因此違背了參與此事的工商各界的意志，也在所不辭。

我之前在財政大臣任上的時候，就對於這項問題進行過研究。

第三章　德國對付各中立國的手段

第三節　買賣混亂的結果

當時中立各國市場上的肉品、豬油、牛油、乾酪等物資，數量還不少。等我們前往採購以作軍用之時，這些物資的價格忽然漲得很高，而且不停地持續增長。這其中沒別的原因，就是我們的軍事機關前往採購時，不但要與外國商人競爭；還要與本國工商各界、商業公司以及奧匈帝國採辦貨物的人，激烈地競爭。我們彼此之間你爭我搶，結果當然是，賣貨的商人見有機可乘，就要投機，所以乾脆將貨物囤積不賣，就等著哪一方出更高的價格。

我於一九一五年秋季，組織「採購總局」到丹麥採購牛油，並邀奧匈帝國參加。在這種由政府主導，統一籌劃之下，沒過多久就收到成效了。牛油價格（每五十基羅格蘭姆）由二百七十五丹幣，降為一百五十二丹幣。而且德奧兩國購入之數量，較前特別增多。這樣一來，每月可為國家節省很多經費。同時，居民與軍隊的牛油供給，又得到相當程度的改善。

第三節　買賣混亂的結果

我們曾前往羅馬尼亞採購麥類，但情形非常惡劣。當協約國方面，將我們民用糧食和牲畜飼料入口封鎖，以及中立各國此項入口也縮到最小限度之後，中國及盟友奧匈帝國，只能前往當時還保持中立的羅馬尼亞採購大宗糧食。

一九一四年和一九一五年，羅馬尼亞之收成非常好。同時，達達尼爾海峽（是土耳其西北部連線，馬爾馬拉海和愛琴海的要衝，也是歐洲與亞洲兩大陸的分界線，並且是連線黑海以及地中海的唯一航道）遭到封鎖，羅馬尼亞的麥類物資只有銷往中歐德奧等國。而且當時僅就經濟情形而言，我們前往羅馬尼亞採購民用糧食和牲畜飼料，尤其是採購玉米時，可以說是很順利。

雖然如此，但若就政治情形而言，羅馬尼亞對德國的態度，一開始就很可疑。所有羅馬尼亞政界，以及該國的農商人士，對於中歐德奧等國的困難境遇，沒有一個不想藉機利用，以牟取暴利。我們當時漫無計畫的採購，也正好使羅馬尼亞的計畫得逞。中國的軍事機關以及商業工業農業各界，前往羅馬尼亞爭購糧食的舉動，尤其比之前爭購丹麥牛油時更厲害。

結果，羅馬尼亞方面所要求的買賣，物價與日俱增。似乎玉米每噸的價格，漲至一千馬克左右，並需要現款交易。

第三章　德國對付各中立國的手段

買賣做成之後，該國藉口當時運輸阻塞，再次刁難我們。以至於交款之後，我們所需的貨物不能到手。最後，羅馬尼亞方面，堆積的中國以及盟友所購的麥類物資，竟然多達七十萬噸，約值二億馬克（德國貨幣單位）。款都已經交付，而貨物卻不能運達。此外，羅馬尼亞方面可以出賣的麥類物資還有很多。戰爭期間，羅馬尼亞已組織一種麥類買賣公司，開出的售價極高，交款的條件也極其嚴苛。

我們對於這種情況，也只有組織「採購總局」的法來應對。同時，並對所採購的物資進行通盤籌劃運輸。

第四節　採購總局

　　經我努力奔走及與各方商量相關事宜後，集中採購的措施終於可以施行，並將採購事宜，委託「採購總局」辦理。但這個部門，後來竟被人們誤解，遭到多次的抨擊。當時「採購總局」方面，與義大利軍用麥類專運公司及匈牙利軍用出產公司聯合起來，共同進行採購。

　　一九一五年九月，當時還未出征塞爾維亞，那時運輸麥類的事情，就已能夠著手進行。我們攻打塞爾維亞行動，既迅速又順利。於是羅馬尼亞國內偏袒協約國方面的勢力，難免遭到一大打擊。而且從此以後，從多瑙河運輸羅馬尼亞麥類的事，也就可以行得通了。

　　於是，「採購總局」於一九一五年十二月和一九一六年三月，與羅馬尼亞政府先後訂立各種條約。中歐德、奧兩國，由此可得糧食二百七十萬噸。價格、交換條件，都還算公平。當時協約國方面，尤其是英國政府，曾用各種方法破

第三章　德國對付各中立國的手段

壞這種條約。英國當時計劃用高價購買羅馬尼亞麥類，達成交易之後，暫時將貨物儲存在羅馬尼亞國內，以斷絕德國採購的途徑。但英國這種舉動，施行得有點晚了，也只有一小部分成功。對於上述「採購總局」所訂之條約，英國最終未能及時阻止其成立。

關於運輸困難的情形，不久後由「採購總局」聯合「德國軍用鐵路督辦」及「奧匈運輸總局」設法將其改善。對於多瑙河因戰爭而導致的航路不暢情況，也著手修理，以利於航行。我們還將匈牙利的鐵路軌道延長，以便運大宗糧食。此外，「採購總局」更是在短期之內，組成了一家規模宏大的多瑙河行業公司，並添置各種裝運設備。透過以上的努力，我們在正式向羅馬尼亞開戰之前，將所購的糧食全部運到了國內。在一九一六年春夏兩季正處艱難關頭的時候，我們從羅馬尼亞方面，每月獲得的糧食達數十萬噸之多。

關於物資輸入集中監管，由少數團體，依照「商業原則」及採用「統一方法」來施行，雖然是致勝中立各國市場的先決條件；但僅有這種組織，仍不能取得絕對的收效。換句話說，「採購總局」必須與我們輸出機關密切連繫，共同計劃，才能使計畫成功。後來我們發現，當時輸入價值的總

第四節　採購總局

額,遠遠超過輸出價值的總額。但是那些物資又是必須要輸入的,且不能減少。於是,又出現了一個新問題:即如何設法湊得一筆大宗外幣,以付「入超」所需的資金。

第三章　德國對付各中立國的手段

第五節　與中立各國交易的手段

　　我們輸出的各類物品之中，有一部分很受中立各國的歡迎，而且對於他們都是必需品。因此，我們就盡可能地想利用這種輸出機會，以換取我們所急需的原料、糧食等。

　　但這種交易方法，不能依照一定格式去做。中立各國獲取中國輸出物品的方法，向來各不相同。他們需要中國物品程度的高低，以及他們所受協約國束縛的大小，也是各不相同。而且這種情形，又因為大戰的爆發，再加上市場形勢的變化，也變得不穩定了。

　　於是，我們根據具體的情形，決定大刀闊斧地有針對性地採取措施。在戰事初期，我們與中立各鄰國通商，多採用「物物交易」的方法。換句話說，我們允許輸出某類重要物品與該中立國銀行直接交涉，以解決我們「入超」應付的款項問題。但這種方法還沒實行多久，就已發現這種「物物交易」的措施，既不是很有用，也不是很可行。尤其是，我們透過該

第五節　與中立各國交易的手段

手段只能換到一小部分物資輸入,不能滿足我們的緊急需求。

因此,我們就漸漸覺得必須與中立各國協商,並訂立一種規模較大的「通商條約」才行。而且,這種條約,要兼顧雙方的利益,對於「輸出允許」及「輸出禁止」兩點,彼此要特別通融,並進行有力抵抗(針對協約國)。尤其是,我們要設法阻止中立各國,不要聽從協約國禁止輸入物資到德國的意見。至於已經頒布禁止輸出物資給德國法令的各中立國,我們則要盡力與其協商,請他們從根本上取消相關法令,或請他們在某期限內暫且不要實行。這項「通商條約」就精確程度來說,雖然不能像「物物交易」中特別規定交換各物的名目數目那樣,但是這種條約訂立之後,中國就可以盡力督促各中立國政府,隨時依照條約的意旨實行。

假如後來某中立國不願實行這個條約,那麼我們也完全可以將從前訂立條約時做出的各種讓步取消,並將對我們輸出的物資進行限制,用以向違約的中立國施加壓力。比如一九一六年夏末時,瑞士政府因迫於英、法兩國的壓力,就將協約國所指的屬於「禁運物品」的各種貨物,停止向德國輸入。我們當時雖向瑞士政府多次提出抗議,但都因為協約國在中間不斷施加壓力而無效。於是,我們就毅然將中國煤鐵等資源,以及其他瑞士必需的物資,停止對瑞士輸入。最

第三章　德國對付各中立國的手段

後，瑞士政府不得不聽從我們的意見，與我們主動妥協。

透過以上種種努力，使我們與中立各鄰邦的經濟關係，從此慢慢有了進展。但「物物交易」的方法詳細規定雙方物名數目，只能部分應用，並不能滿足我們的緊急需求，這在上文都已經說明。而透過訂立通商條約，使雙方的貿易符合互惠原則的舉措，又太過於籠統，不能使雙方供求在一定期間內完全得到保障，更不能完全割除以前的種種阻礙。

因此，我們就決定兼用「以物交易」及「通商條約」兩個方法的優勢部分，並針對我們購貨款項日趨困難的情形，設法加以解除。為達到以上目的，我建議應依照三個方面，與我們中立的各鄰邦分別訂立條約：第一，該項條約，必須確立一定有效時間範圍以切實履行。第二，在條約生效期間，彼此間互相輸出的物資名目，必須詳細規定。第三，我們「入超」應付的款項，該如何寫明契據、如何付款，也要同時加以規定。參照上述三點訂立條約後，我們與瑞士、荷蘭、丹麥、瑞典各國分別商議，並訂立了各種條約。

在上述條約訂立之後，中國對輸出與輸入事宜的集中監管也日益加緊。同時，對於國內的外國貨幣及外國期票（債

第五節　與中立各國交易的手段

務人對債權人開出的定期支付貨幣的票據）的流通，也不能不加以限制。結果也帶來了一些負面影響，關於個人利益以及一些重要職業階級的利益，都不免因此受到損失。

此外，執行這種集中監管制度的時候，往往過於苛刻，或過於煩瑣，以及有些本可避免的錯誤而沒能設法避免。我不能不加以承認，像這樣的種種缺點，隨時都會暴露，但是面對問題又不得有半點遲疑。尤其是商業界中人士，因為我們實行的這種貿易集中監管制度，大多喪失了用武之地，他們應該是受害很大的。

但是，實在是被戰事所逼迫，我們對於國外貿易不得不加以統一籌劃，且這種事情又沒有先例可以借鑑。因此，所有一切組織，都是摸著石頭過河，需要根據實際情況自行開創新方法、新制度。採購總局的辦事人員，在一九一六年超過四千名。這些辦事人員必須從各地調來，加以編制及訓練。我們的辦事人員經手的貿易，其價值不久就達到數萬馬克，以至於數十萬萬馬克之多，這就必須一一辦理妥貼。

總而言之，這項貿易事業的規模，是前所未有的。我們當時所處的環境與所用手續，都沒有先例可參照，必須靠自己靈活處置。而且當我們在絞盡腦汁的時候，戰爭也在不斷

第三章　德國對付各中立國的手段

地鞭策著,使我們不敢停歇一刻。當時可以說是各種事情迫切地等著解決,決策、立法,都是迫在眉睫的事,不能稍微有一點遲緩。因此,有時也直接參照歷來兵法原則去做,即「決策可能是錯的,但總比什麼也不做強」。

第六節　德國戰時的順利輸入

因實行上述對外貿易集中監管制度所產生的許多缺點與困難，以及被各界批評攻擊的事，我都會果斷承受，以免妨害大禮。有時甚至在被人批評攻擊的時候，我既不敢做出辯護，又不敢將這種制度所收到的效果向眾人宣布，更不敢當眾討論這項問題，最多只能邀約少數要人，進行祕密談話而已。因為我若將所得效果，當眾公布，那麼敵人方面，就可以探悉我們的工作情形，勢必會想各種方法進行破壞。這樣一來，我們僥倖獲得的輸入物資的機會，又將從此喪失。

現在戰爭已經結束，我對於當時的實情，儘可以坦然地講一講，也不會有損德國的利益。我下面就舉幾個事例，以證明當時我們與協約國苦戰的時候，對於中立各鄰邦市場，不但能夠維持德國往日的地位，而且比戰前還有所改善，並將英國的採購來源奪取了一部分。

第一，我可以很明確地說，在戰爭階段，中國的商業活

079

第三章　德國對付各中立國的手段

動雖遭受協約國方面的封鎖；而中國的輸入事宜，卻能保持某種限度，並非當時一般局外人士所能揣測。

第二，德國的戰前輸入，就一九一三年來說，其價值是一百〇八億馬克。等到了一九一五年，協約國對中國完全實行商業封鎖之後，而中國的輸入價值，仍能保持七十一億馬克的數目。到了一九一六年，上升到八十四億馬克。一九一七年又降為七十一億馬克。實際上，我們輸入退步的情形，還不止這些。自一九一五年以來，物價飛漲，如果僅僅用輸入價值作比較，實在不能表示當時輸入的實際情況。但是無論如何，當時有巨大數量的輸入價值，即便是將各種貨物所漲的價格扣除不算，仍然是非常可觀的。由此可見，當時協約國方面，雖極力阻斷中國海外的物資來源，以及禁止、阻撓中立各國對我進行物資輸入，而中國每年的輸入總額，卻仍然不在少數。倘若再將所輸入的各種物資的重量，一一加以比較，就可證明我以上所說的都是實情。

此外，還有一件事，是我必須同時宣告的：即我們在物資輸出上的衰退，遠遠超過了物資輸入。在一九一三年，我們輸出的價值，有一百〇一億馬克。僅僅比同年的輸入價值少了七億馬克左右。到了一九一五年，我們的輸出價值就一下子降到了三十一億馬克。竟比同年的輸入價值少了四十億

第六節　德國戰時的順利輸入

馬克。之後到了一九一六年時,我們在萬分困難的環境中,以及本國軍隊居民用度每日增加的時候,雖然能夠設法慢慢將輸出價值的總額,增加到三十八億馬克。

但同年的輸入價值也大為增高,結果,「入超」的數目更是增加到四十五億馬克。至於一九一七年的對外貿易,輸入價值是七十一億馬克,而輸出價值僅有三十四億馬克,「入超」為三十七億馬克。再加上大戰期間,籌集外幣變得異常艱難,於是,中立各國的貨幣不斷增值;而德國的馬克價值,則日益貶值。結果,德國每年對外貿易決算(根據年度預算執行的結果而編制的年度會計報告),常常成負值,多達數十億馬克。

至於我們的輸入之所以能在一定程度上保持不中斷,是因為與我們相鄰的中立各國(羅馬尼亞在一九一六年八月月底以前是中立鄰國之一,後加入協約國一方)取代了從前協約各國以及其他中立各國(只能透過海路運送物資入德的邦國)對德國的貿易輸入。在另一方面,與德聯盟的各國,則各因本國戰事用度日益劇增,實在沒有多餘的力量來支援德國。在一九一五年,德國的輸入總額,常將至七十一億馬克(一九一三年輸入總額,為一百〇八億馬克)輸入德國之數,卻增至三十五億馬克。(一九一三年該中立鄰國等,

第三章　德國對付各中立國的手段

輸入德國之數,僅有十一萬萬馬克。)到了一九一六年上半年,此項中立各鄰國輸入德國之數,僅占德國輸入總額百分之十左右者,殆不可同日而語矣。

有許多重要物產,戰前本來由協約各國或中立各國(只能由海路運送物資入德的中立各國而言)輸入德國,到戰爭開始後就由中立各鄰邦全部取而代之。有時輸入德國物資的數目,甚至遠比戰前多。其中尤其以畜類一種最多。因為畜牧業在中立各鄰邦中,尤其是在荷蘭、丹麥兩國,一直以來都是最發達的。比如,豬肉這一項(火腿也包含在內),在一九一三年,輸入德國的數額,是二萬一千六百噸。到了一九一五年,竟增加到九萬八千二百噸。此外,戰前牛油輸入總額之中,由沙俄西伯利亞輸來的牛油,常超過總額的一半。開戰後雖與沙俄的貿易來往中斷,而輸入總額卻由五萬四千二百噸(一九一三年)增加到六萬八千五百噸(一九一五年),只有牛奶、乳皮兩種物資的輸入量,比戰前少了很多。同時,乾牛酪的輸入量,也由二萬六千三百噸,增加到六萬七千三百噸,比較戰前增加兩倍還要多。至於烏青魚的輸入量,也由一百二十九萬八千桶,增加到二百八十八萬三千桶,比戰前增加一倍以上。

上述各鄰邦對中國的輸入,對於當時中國對外戰爭的開

第六節　德國戰時的順利輸入

展,帶來了很大的幫助。但同時這些鄰邦的生產能力,也不能突然就滿足我們這麼大的需求。我們將需要輸入的數額,新增這麼多,而這些鄰邦又必須先滿足本國自己的消費,或對其他各國採購的物資數額,大大加以限制,然後才有額外的力量幫助中國。

當時這些鄰邦確實曾那樣做了。他們對於其他各國來的採購額度,確實曾加以限制。尤其是對於英國,特別加以限制。我下面舉幾個例子來證明。

在戰爭期間,德英兩國,常常在荷蘭市場互相競購物品。現將荷蘭一九一三年至一九一六年,輸入德英兩國的物資數額,列表如下:

表1:荷蘭輸入德國的物資單位:噸

	牛油	乳酪	豬肉	雞蛋
1913 年	19,000	16,100	11,000	15,300
1915 年	36,700	63,300	55,100	25,200
1916 年	31,500	76,200	25,100	36,400

表2:荷蘭輸入英國的物資單位:噸

	牛油	乳酪	豬肉	雞蛋
1913 年	7,900	19,100	34,000	5,800
1915 年	2,500	8,400	7,600	7,800
1916 年	2,200	6,800	10,300	800

第三章　德國對付各中立國的手段

透過對比上面兩個圖表，可知德國在大戰的時候，從荷蘭進口的本國平民及軍隊所需的各種重要糧食，遠比戰前增加；反之，荷蘭輸入英國的物資數額，則比戰前大為減少。

同時，德英兩國在丹麥市場上的競爭，其情形也是這樣。比如丹麥輸入英國的牛油數額，由八萬五千三百噸（一九一三年）降為六萬六千三百噸（一九一五年）；反之，丹麥輸入德國的牛油數額，卻由二千二百噸升為二萬五千二百噸。同樣，丹麥輸入英國的豬肉數額，由九千四百噸（一九一三年）降為一千九百噸（一九一五年）；反之，丹麥輸入德國的豬肉數額，卻由三千八百噸升為一萬七千九百噸。再如，丹麥輸入英國的雞蛋數額，由三萬噸降為一萬八千八百噸；而丹麥輸入德國的雞蛋數額，則由一千二百噸升為一萬三千噸。

在瑞士方面，甚至於在挪威（該國與英國的關係在一段時間內是最好的，而且不靠德國輸出物品為生）方面。像畜牧業、漁業的產出，以及對於軍用製造最為重要的若干種原料，德國不但能夠保持順利採購，而且每天都有所改善。

瑞典鐵砂，含磷非常高，是德國各種鋼鐵製品不可缺少的原料，我們都可繼續由瑞典輸入。又如「矽鐵」（Ferrosilizium）與「鐵合金」（Ferrolegierung），我們也可照舊前往

第六節　德國戰時的順利輸入

瑞典採購。此外，瑞典所產的銅，也照常輸入德國。至於木材這種原料，因為德國所產很少，不足以滿足紡織業和造紙業的需求，也不得不向瑞典大量的採購。挪威，則是德國及其盟邦唯一的採辦鎳礦的地方。鎳是軍用製造不可缺少的物資，當時從挪威輸入德國及其盟邦的鎳礦，數量雖不是很多，然大戰之際，能供給我們鎳產的，也只有挪威一國。此外，挪威方面關於熟銅、生銅、硫黃、砂藥、硝石等，也能繼續輸入德國。瑞士則能對德輸入鋁礦，也對我們幫助極大。

總而言之，我們當時的力量還不足以打破英國的海洋封鎖。所以整個大戰期間，對於一切隔海市場（只能由海路轉運到德國的各市場）也不抱什麼希望。但在其他方面，英國利用各種勢力，想將我中立各鄰國，也劃入封鎖界限之內。英國想透過這種方法使封鎖效力，直達中國陸地邊界，但最終未能實現。也就是說，我們對於跟中國接壤的各中立地帶，在這場經濟戰爭中，始終能夠保持不中斷的影響力。

不過後來這些維持中立的邦國，也漸漸被捲入了漩渦，大受其害。英國及其盟邦，不惜利用一切違背國際公法的手段壓迫我們的中立各鄰邦，對各鄰邦的生產能力及生活情形，造成非常惡劣的影響。例如嚴厲限制其飼料的進口，以

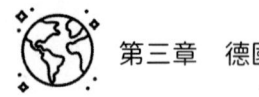

第三章　德國對付各中立國的手段

使我們中立各鄰邦的畜牧業，衰退得很厲害。因為中立各鄰邦也遭到削弱，結果，我們若是想向中立各鄰邦討求糧食，來解除自己面臨的飢餓問題，就必須對他們做出特別的讓步，以作為交換條件。

因為產生了這種情況，自一九一六年年底以後，我們就知道中立各鄰國所能供給我們的資源，現在在慢慢地枯竭了，於是我們不能不正視這種危險的形勢，隨時放在眼中，以便預先籌劃應付的方法。

第四章
戰爭經濟中之科學效用

第四章　戰爭經濟中之科學效用

第一節　提高生產能力

在軍事上取得勝利之後，占領敵國的廣大土地，可以擴大我們的經濟基礎。同時，又因我們能在中立各國市場上占得優勢，可以隨意採購所需物資。但在事實上，上述兩種獲取給養的方式，均不足以解決我們因為戰爭關係以及海外交通斷絕所產生的民食、畜糧、原料、成品貨物、半成品貨物等缺乏的問題。

因為這些物品，歷來是中國一切生產消費、經濟組織的根本基礎。所以，我們不得不思考解決的方法。第一，對於國內現有生產消費組織，應一律改用新法經營。並盡可能地發明替代品，以彌補斷絕的原料。第二，對於現有人工生產模式，須設法將其工作效率提高。第三，對於我們工廠出品數目，以及國民生活情形，必須設法使其能與我們現在忽然縮小的生存活動範圍完全相應。第四，對於軍事所需物品，必須能夠源源不斷地供給。

第一節　提高生產能力

　　中國自西門子（指德國大發明家，物理學家維爾納・馮・西門子，Ernst Werner von Siemens，見圖 2.1）時代以來（十九世紀中葉以來），所有純粹科學、應用科學、企業雄心，無不取得長足的進步，並能互相輔助促進。這使中國的國民經濟，在最近數十年間，突飛猛進。因此也引起了世界各國廣泛注目與驚詫。中國在大戰期間遭遇了前所未有的困難，我必須盡可能地把上述各種學術能力，加以充分利用。而且從前我國七千萬人的生活情形與經濟組織，原來是以全世界物產作為製作基礎，現在在此戰事壓迫之下，則不能不專靠本國有限的資源以維持其生存。

　　在重壓之下的危難情形，竟然促使中國的各種天才，一時間得到了大展身手的機會。所有國內的傑出人士，無不苦思冥想如何能利用天才的發明創造，將中國被敵人無限壓迫和封鎖的生存活動範圍加以擴大、補救。沒想到，在這種刺激之下，短時期裡湧現出來的新發明種類的數量，以及對人工物料的合理利用程度，在世界歷史之中都是前所未有的。可惜後來還是因為寡不敵眾而輸掉了這場戰爭，而德國這種奮鬥精神，仍將流芳百世，並為德國前途放出一線光明。

第四章 戰爭經濟中之科學效用

圖 2.1：維爾納 • 馮 • 西門子
德國著名發明家、企業家，提出「平爐煉鋼法」，革新了煉鋼技術，並創立了西門子公司。西門子發明了「實用性發電機」，修建了電氣化鐵路，被譽為德國的「電氣之父」。他一生發明眾多，推動了德國乃至全世界的工業化歷程。

在本文中，要一一詳述當時中國提高生產力所用的各種方法，不太容易。甚至於簡要敘述一下要旨，恐怕也說不完十分之一。所以現在只好簡單舉幾種重要發明，作為例子來談一下：關於我們組織極大規模的工廠，從空氣中取出「氮素」的舉措，我已經另著專篇敘述。這種「氮素」是我們

第一節　提高生產能力

軍隊需求日益劇增的子彈原料之一，保證「氮素」的供應不斷，同時，我們農業所需的氮素肥料也就不用擔心了。

此外，我們又從德國的普通黏土之中，發明了提取鋁的方法。自「碳化鈣」實驗成功以後，於是除用以製造「石灰氮」外，還可用來代替其他缺乏或稀少的物品。比如代替洋油、酒精，作為照明的燃料；代替外國金屬物資，用作鋼鐵製品。甚至於可以用作「人造橡膠」及「酒精」的原料。至於鋁，除了用以代替日益缺乏的銅之外，對於子彈製造及電氣工業，也有很大用途。自橡膠輸入來源大部分斷絕以後，幸虧我們有「人造橡膠」及「改造舊橡膠」兩種發明，及時彌補了缺失。雖然這種「人造橡膠」只能代替「硬橡膠」，但是我們對於「天然橡膠」需要的數額，卻因此大為減少，從而使戰爭期間，我們的這項需要，能夠勉強維持。

除此之外，我們的紡織工業以及國內居民的衣料，都因戰爭期間的無數發明，才不致破產、斷絕。如從木料中取制紡線等，就全依賴於我們新的發明技術。一切農業、工業所需的包裝材料，以及塹壕戰 (陣地戰，雙方挖掘壕溝，進行消耗戰爭，一戰中的「凡爾登戰役」和「索姆河戰役」都是典型的塹壕戰。見圖 2.2) 中需要用非常多的沙袋，得益於新發明，這種沙袋原料也就不會短缺。再如，我們發明了「硝

091

第四章　戰爭經濟中之科學效用

化纖維」（Nitrieren von Zellulose）後，使我們製造「無煙火藥」時，不再以棉花作為其必需原料，而棉花這項原料，大多要靠進口。

圖 2.2：戰壕裡的德國士兵
一戰中的大戰役幾乎都是塹壕戰，戰爭帶來的巨大消耗使雙方都在一定程度上存在武器裝備和原料不足的問題。到了後期更是進入陣地防禦階段，雙方投入兵力達到百萬以上，在反覆爭奪陣地的過程中，炮戰成為主要作戰形式。

至於農業方面，除上述的（氮素肥料）製造外，當時我們付出最多努力要解決的，就是飼料問題。因為自從外國這項輸入斷絕以後，國內的飼料變得極為缺乏。最初，我們設法將馬鈴薯中的水分排去，以作為長期的飼料使用（以前會有大批馬鈴薯飼料，因受潮溼而腐爛）。後來這種排除水分

第一節　提高生產能力

的技術日益進步,普及到了其他一直以來被認為沒什麼用的物品,如葡萄的葉子、馬鈴薯的葉子等,都化無用為有用,取得了非常大的成效。

沒過多久,我們又創製種種畜類輔料,尤其是黃渣輔料及麥梗輔料。此外,我們國內所需的油類物資異常缺乏,不得不一方面儉省起來,利用一般含有油質的種子及核仁;另一方面又從動物黃物（石片）之中,設法製取油類。這樣一來,我們的油類供應情況,也就每天都有改善。

所有上述一切發明,大半均由國家,尤其是我所掌管的機關,加以種種提倡、連繫、促進及組織運轉。當我主持財政內務的時候,沒有一項政治事務能使我心滿意足,就像這類發明事業,可惜我參與這項事業的範圍也很有限。與這種發明事業的成績相反的,莫過於國會討論這種事情。國會討論往往既耗費時間,又沒有什麼結果。因此,我有時候難免在國會中輕易發怒或有過於固執的地方,但我這麼做,大多數時候是由於厭惡國會討論這件事,往往是討論半天,耗時費力又沒有結果,並將重要的問題擱置,不知道造成了多大的損失。我心裡實在是積壓了太久的憤怒,忍無可忍的時候,也就會一併發洩出來。

第四章　戰爭經濟中之科學效用

第二節　各種企業與人工的改組

除了上面提到的透過各種科學發明,來提高生產能力外,又因為戰事促使國內經濟情形發生很大的變化,所有的生產機關,一時都有改組的必要。在開戰之初,尤其以製造大批軍用物資與保全本年田間收種之事最為急切。在其他方面,一切專做海外輸出生意或專靠海外原料為生的工商業,又不能不大加限制。這樣一來,國內一般的企業家,以及公職人員、工人等等,對於這項新問題、新工作,都有努力設法解決的必要。

關於各種企業的改組,大多出於各企業家的自發,而且能以自己的力量應付自如。這種善於適應環境以及堅忍不拔的精神,都使人為之驚訝。比如從前只生產平時生活用品的工廠,到了這個時候因受製造軍用品可獲得巨大利益的誘惑,大都改製軍用物品。不僅是一般金屬工業這樣做,許多紡織工業,以及其他類似工廠,也投入到了改造子彈以及火

第二節　各種企業與人工的改組

線（電路中輸送電的電源線）等物品。此外，新建設的軍工廠，更普遍地開花。

至於人工改組問題，則遠比上面的企業改組困難。這場戰爭最先帶來的影響，是令人可怕的失業問題。造成這種狀況的主要原因是：大戰開始後，國內數百萬最能做工的人，都已開赴前線；國民經濟方面，才感到工人被奪之苦，所有留存國內的人，正宜盡量利用，以提高生產力。然而當時情形，卻不是這樣。往往數十萬人，必須立時離開工廠，而且前途茫茫，找不到工作。發生此種現象，其中雖然有一部分，是不可避免的，但也有一部分，卻是由於工廠方面的過分限制，或無故停工所導致的。再加上各種企業改組的時候，一定是需要一段時間去適應的。這時所有開除的工人，當然不能立即找到新工作。因此，國內的失業情形，一時間變得非常嚴重，這從下文的統計就可以看出。

在一九一四年七月時，男工方面，每一百個缺額出來，共有一百五十八人候補。到了一九一四年八月之際，每一百缺額出來，竟有二百四十八人候補。至於女工方面，在一九一四年七月之時，每一百缺額出來，共有九十九人候補。到了一九一四年八月之際，每一百缺額出來，竟有二百零二人候補。

第四章　戰爭經濟中之科學效用

因為這個緣故，開戰沒多久，政府對於這種情況，立即出面加以干涉。因為這件事與工人自身利益以及國家生產效率有很大關係。後來政府設立了「職業介紹所」，專門解決失業問題，並使其能與當時軍事時代的需要情形適合。

「職業介紹所」的設定，雖然在戰前已經存在，但非常不集中，除了一般小介紹所外，原來有「公立職業介紹所」、「招工介紹所」、「求工介紹所」及「供求職業介紹所」四種。但彼此之間，各自獨立辦理，互不連繫。等到戰爭開始時，內務部方面才設定了「全國職業介紹總局」。所有上述的各種職業介紹所，必須隨時將其招工、求職的情形報告總局，以便由總局方面設法調劑。一九一四年八月九日，總局開始辦公。其責任，不僅在於連繫上述各種職業介紹所，如果遇到緊急情形，還往往要自行調集工人，直接從事各種工作。比如大戰剛開始的時候，需要由政府方面對工人的工作進行區域性的調整，安排他們從事田間收種工作，從事炮臺築造工作，從事陸軍海軍製造局及其附屬工廠的工作。如遇國內工業農業方面缺乏勞工時，則又由總局方面，分配一些俘虜前往工作。

此外，我們還有許多輔助方法，以彌補職業介紹的不足。比如新增設一些工作機會，以安插一般的賦閒工人；限

第二節　各種企業與人工的改組

制各廠每天的工作時間；禁止加工及夜工；分別委託各廠製造軍事用品（限於某種工廠），以減輕工人失業的壓力。對於一般的失業工人，還隨時給予一些接濟。

正當工人問題剛得到解決，國內的情形卻已經發生了很大的變化，當局的職責也隨之發生調整。因數百萬人民改充兵役以及軍事用品的需求日益劇增，國內的男工頓時不足。如前文所說，在一九一四年八月的時候，每一百個男工缺額出來，有二百四十八人候補。到了一九一五年四月的時候，每一百男工缺額出來，就只有一百人候補，供求恰恰相當。後來又過了幾個月，需要男工的情況，一天比一天多。結果，到了一九一五年十月的時候，每一百個男工缺額出來，竟只有八十五人候補。到了一九一六年十月的時候，則每一百男工缺額出來，更是只有六十四人候補。

反之，女工失業的情形，其改善卻非常緩慢。原因有兩點：第一，由於女子不需要服兵役；第二，由於國內各廠營業時間有所限制的時候，女工多的工廠受限最普遍（比如紡織工業之類）。因為這個原因，一九一五年七月（開戰後第二年），每一百個女工缺額出來，共有一百六十五人候補。後來因為紡織工業限制營業，到了一九一五年十月，每一百個女工缺額出來，就增加到一百八十二人候

第四章　戰爭經濟中之科學效用

補。但到了一九一六年四月,每一百個女工缺額出來,又減少到一百六十二人候補。到了同年的十月,則更減少到一百三十五人候補。

男工缺乏的數額,日益增長;而女工過剩的數額,卻照舊保持。因此,不能不趕緊想一個辦法進行調節。最終,政府決定:國內各行業凡是可以用女工代替男工的,都用女工。現根據工廠疾病保險公司一九一四年七月一日至一九一六年七月一日的統計,可知全國工人總額中,女工增加的數額是多少。煉礦工業、金屬工業、機器工業的女工由百分之九,增加到百分之十九。化學工業的女工由百分之七,增加到百分之二十三。電氣工業的女工由百分之二十四,增加到百分之五十五。

專就一九一五年七月一日至一九一六年七月一日一年間疾病保險公司的統計來看,女工增加的人數就有七十二萬人左右。

至於童工方面,也和女工一樣,能使用的地方都盡量使用。為了盡量使用女工、童工(見圖2.3),以利於戰事的進行,政府在一九一四年八月四日,頒布了一項法律,准許國務總理,對於之前的一切保護女工、童工的條例,可以屆時停用,並暫作例外處置。因戰事緊急,對於這項保護條例中

第二節　各種企業與人工的改組

的許多規定，當然不能絕對嚴格實行。我們的作戰行動，不僅限於戰場之上；所有國內各種業務，也必須全體動員。無論對於國外戰場與國內業務，都不得不將全體國民力量集中起來孤注一擲，以謀求全國生存之道，以消滅敵人滅我之心。

這種抵抗意志，當以後來所頒的救國服役條例中「工作動員」一事，最能表現出來。關於此事，我將在下面，另外專門詳述。

圖 2.3：西線戰場上的德國前線女勞工
由於巨大的戰爭消耗，德國國內的勞動力明顯不足。在這種情勢下，德國一些兵工廠內也開始使用女工。

第四章　戰爭經濟中之科學效用

第三節　消費條例與國民糧食

我們利用科學方法與優良組織，並善於利用可用的勞動力，促進本國生產。雖然取得了很好的效果，足以緩和我們正在遭遇的困難境地，以便盡力地抵抗敵人。但這種成效，卻不能使我們糧食原料缺乏的問題，就此得到解決。對於限制消費的措施，也不能因此就可以停止。

對於消費的問題，到了這個時候再不能任其自然變化。如果限制消費的措施，僅依靠抬高物價，以使購者慢慢無力購買更多商品。結果就會導致富裕的人仍然可以多多置購，而貧窮的人就不得不陷入飢寒。這實在是社會政策所不允許的，我們必須設法加以阻止。因為戰爭的緣故，我們飽受物資缺乏之苦，只有全體國民齊心同赴國難，各自限制自己的消費，才能渡過難關。

但只規定各種貨物「最高價格」這種辦法，也是無濟於事。因為透過法令強制定價，就將經濟上「供求趨勢支配物

第三節　消費條例與國民糧食

價」的原則，從根本上打破了，而同時又沒有其他的「支配原則」來代替。假如透過法令將物價定得很低，並不准其自由增長，那麼很多貨物的生產製造商及行銷商，勢必將裹足不前；而我們對於一般的消費者，仍不能因此使他們自行限制。規定貨物「最高價格」的制度，原是想保護居民生活，不過分地受貴族的影響。但在其他方面，如果我們不願坐視貨物來源斷絕，就必須另行頒布各種特別條例，來補救這項制度。比如限制居民消費；照收國內貨物；以至於國家方面可以將各項日常生活用品的供給事務，完全接手辦理。

凡是生活用品，越是居民所必需的，其存貨數量就越稀少。那麼這種必需品就越是需要國家進行干涉。

因此，關於糧食管理一事，就不能不先從對麵粉的管理下手。後來這項麵粉管理方法，逐漸形成一種制度，跟當時全部「戰爭經濟」的進化，具有密切關係。

關於麵粉管理問題，除了由國家規定「最高價格」外，並於一九一四年十月，頒布「限制消費」的法令，對於濫用麥子製造飼料的舉動也強令禁止。此外，又規定碾麥的時候，必須摻入若干附料。比如「小麥麵包」之內，必須新增若干黑麥。在「黑麥麵包」之內，又必須新增若干馬鈴薯（或馬鈴薯粉）。後來這項規定日趨嚴厲，並得到一些補充。

第四章　戰爭經濟中之科學效用

一九一五年正月，為了堅決果斷地明確以上的規定，我們更進一步，先將每人每日所需麵包及麵粉數量的最高限度，確切規定。並發出一種「麵包券」及「麵粉券」，以便居民每天按券採購。同時，又將這項經營全國現存麵粉的事務，委託「戰時麵粉總局」包辦。至於這項總局組織，是一九一四年十一月由私人方面所發起的「戰時麵粉公司」的基礎上，加以擴充改組後成立的。所有全國現存麥子，全部都加以沒收，交於總局接管。然後再由總局加以儲藏碾磨，並交由全國各地新成立的「麵粉領取機關」分配。所有關於到麵包鋪子領麵，以及本地居民領券的一切手續，則由該地「市區工會」承辦。

一九一五年六月二十八日，政府再次命令，對「戰時麵粉總局」做了最後一次的改組。從此以後，關於麥麵問題事務，改由「全國麥麵總局」辦理。局內分設行政和商業兩個部門。「行政部」具有同政府的各種特權，「商業部」則依照商業性質辦理。這項新組織與以前的組織的不同之處在於：現在（一九一五年）麥子的收成，並不直接由「全國麥麵總局」沒收，而由各地「市區公會」沒收。因為「市區公會」關於執行沒收手續，以及檢查本地情形，是最適當也最便利的。其在「市區公會」方面，則又負責將沒收之麥，交於「全國麥麵總局」及其制定之機關。

第三節　消費條例與國民糧食

　　透過以上內容可知,我們對於管理麵粉事宜,顯然有兩個特點:一方面是將「沒收國內存麥」與「經營麵粉生產」兩者,兼圖並進。

　　這種管理麵粉事宜的組織,所取得的效果,可以說是十分圓滿。我們不但對於軍隊及居民方面,能提供充分的不斷的供給;而且能使麵粉價格下降,遠比其他各國(包含交戰各國、中立各國以及美洲各國)低。德國在大戰之前,因實行農業保護關稅的緣故,國內麥子的價格,在平時就高居世界第一。等到開戰之後,外國輸入就斷絕了;同時又因田間工作不力,肥料供應不足,本國麥子收成遠比戰前差。然而當時我們竟能在這種情形之下,慢慢將國內的麥子價格降到那樣低的程度。

　　不過麵粉本來就非常有利於官營。因為全國所需麵粉以及所存麥子的數額,比較容易計算,檢查的方法也很簡單,黑麥及小麥的儲存及運輸也很便捷,它們的區別,相差並不是很遠。上述種種便利的情形,都使國家統籌支配的舉措易於進行。至於其他各種糧食,則多缺乏這類優點,即使有,也不如麥子的便利多。因為這個原因,在大戰初期的時候,當局方面還沒想到要將這種麵粉管理制度,移用於其他各種糧食之上。專就馬鈴薯這種糧食來說,它就不便實行這種統

第四章　戰爭經濟中之科學效用

一的管理制度。關於馬鈴薯存貨數量，因為馬鈴薯都儲藏地下，很不便於調查。再加上儲存難度大，種類偏多，更使統一管理變得異常棘手。至於其他最易腐朽的物品，像蔬菜、果品、肉類、牛奶、牛油、雞蛋、魚類，等等，尤為難於集中管理。

後來，當局方面鑒於上述各種物品慢慢供應不足，就想利用其他種種方法，以使這類物品，能以公平的價格平均分配。當時所用的方法，或是靠商業監督制度，或是透過公司專賣條例，或是由市區公會出頭，與商人方面或生產者方面，訂立各種交貨條約，或是令生產者，將其貨物繳於省政府或市區公會；或是隨時規定各種貨物價格。此外，還設定「盤查物價公所」以及「檢舉重利衙門」等。但上面列舉的各種方法，收效往往不如所期望的。因為這個原因，明知前面難關重重，也不能不逐漸採用果斷措施，以求最後解決，就像麵粉管理取得很好的效果那樣。

從此以後，對於各種食品問題，都由「部分干涉」進而轉變為「集中管理」，並以上文的麵粉管理制度作為模範。於是政府分設各種總局辦理。每個總局之內各分行政、商業兩個部門，以行使政府職權及商業職責。接著，所謂「全國馬鈴薯總局」、「全國瓜品總局」、「全國蔬果總局」、「全國白

第三節　消費條例與國民糧食

糖總局」、「全國肉品總局」、「全國食油總局」、「全國雞蛋分配總局」、「全國魚類食品供給總局」等等，無不一一成立。而且這類總局，大多設有其他附屬機關，如「戰時蔬菜公司」、「戰時池魚鰻魚公司」之類。

我對於將這種「強迫經濟」的辦法，施行到一般不適於國營的行業的做法，當時屢次加以反對。即使在今天，我仍然以為：有許多行業因受「強迫經濟」的影響，以致弊多於利。因為「強迫經濟」常常使生產者方面產生混亂與誤會，並釀成生產停頓的災禍。

此外，還有大批最容易腐爛的食品，如果由商人直接賣與僱主，本來是非常便捷和安全的；而現在則因「強迫經濟」的緣故，致使很多食品腐壞變質而失去價值。結果當然是生產者與消費者兩方，無不大受損失。而且由於過分濫用「強迫經濟」的手段，常常使商人私下交易的事情與日俱增，因此而帶來的損失尤為不可思議。一方面政府檢查的機會很少；另一方面又因「強迫經濟」過於嚴厲，乘機僥倖避免的人日益增多。這樣一來，私自交易就變得防不勝防，無法禁止。

至於透過施用重罰來防範，也無法產生多大作用，而且有時會有適得其反的結果，以致販運私貨的商人數量更多，

第四章　戰爭經濟中之科學效用

私下所定的價格更高。因此，我認為：當時處罰如果稍微輕點，那麼販運私貨的事或者反而可以減少。但我所提的一切抗議，可惜都沒效果。原因是「戰時糧食督辦署」及其附屬的各種總局，實有一種趁機擴充自己權力的雄心。再加上當時督辦署中附設的「國民糧食委員會」（由國會議員所組織），贊成各種糧食事宜統由國家經營的人數眾多。於是該督辦署人員包辦一切的雄心，更加變得不可抑制了。

第四節　重要原料收歸國有

關於工業原料問題，在戰爭剛開始的時候，就由陸軍部方面，設立「軍用原料司」一部門，專門管理相關事務。

該部門對於國內所存的不能自行增加產出的各種軍用原料，立即加以沒收。這種情況尤其以德國國內，不能生產或產額過少的礦物原料及紡織原料最明顯。

收歸國有的方法，先從「沒收」下手。沒收之後，原有物主對於該物，就不得自由任意轉賣或製作。「軍用原料司」對於國內所存各種原料，大概只進行檢查監督，而不直接充公。但也有許多原料，必須立即加以充公的，比如：淨銅、混銅，以及鎳、錫等，不但工廠商家所存的這類原料都要一律歸公，甚至於各家各店用這類物質製造成的器皿，也必須一律上繳給政府，以備軍用。

至於對這類原料的分配方法與用途的監督，是以當時所定「接收存貨及用途報告」的經濟條例為準。這項條例之中

第四章　戰爭經濟中之科學效用

曾提到：當事者務必要斟酌情形，根據不同的情況採取相應的處理措施。對於各處請求原料的情況必須考察其緩急，分別處置。此外，更應隨時設法尋求這類原料的代替物品。總而言之，分配這類原料的原則，當以不影響軍用製造為主。

管理原料的事，正與管理糧食的情形相同，一半屬於政府性質，一半屬於商業性質。比如對於存貨的分散與集中、沒收與充公，規定各物價格的高低，經濟條例的制定，分配原則的確立，都只能以政府權力來辦。但對與此有關的工商各界意見，必須同時加以顧及。反之，關於沒收各物的接管以及給價，無論在德國國內，還是在德軍占領地之內，在德國同盟各邦之內，在可以來往的中立國內，無不如此。運輸、儲存、分類等手續，則完全屬於大規模的商業性質。為處理這類商業事務，乃邀集經濟界人士，共同組織一種機關，即所謂「戰時原料公司」。

為了供應軍隊的需求，政府實行沒收各種重要軍用原料的措施。結果所有國內居民的日常用品，無不因此大受影響，尤其以沒收紡織、皮革兩種物品所帶來的影響最嚴重。後來，軍事當局將所沒收的皮革，發出一部分以供居民使用，並於一九一六年春季，特組一種機關，以專管這種分配物資給居民的事。此外，更因紡織原料缺乏，軍事當局為急

第四節　重要原料收歸國有

於準備軍用物資,將各廠已織成的衣料,也都加以沒收。這尤其使居民衣物供給大受影響。等到一九一六年二月一日,已經頒布沒收一切衣料原料以及換洗布料的命令以後,籌劃居民衣物的行動就不可再拖延了。所謂後來的「全國衣服總局」,也就由此成立。其責任仿照「糧食券」的辦法以處理居民衣服的事(但這種券制用於衣服,卻遠較用於糧食為難)。同時,並設法利用舊衣舊料作為輔助支持。

當時,我剛接任內務大臣的職務,除籌劃「國民糧食」以外,更須解決這件「國民衣物」的重大問題。

後來,原料與勞動力日益缺乏,僅用部分的限制衣物消費的方法,實在不足以維持局面。於是我們的職責,變得更加繁重。

當「軍用原料司」方面,分給各廠這種有限原料之時,對於一般工廠的營業產生重大影響。分配方法共有兩種:

(一)所有國內工廠,一律同享分配權利。至於分配數量的多少,則以該廠製造能力大小為依據。結果也不容樂觀,各廠之中,均只能一部分開工。

(二)分配原料之時,只以製造能力最大的工廠為限,以便該廠能夠全部開工。至於其他製造能力薄弱的工廠,則一律任其停辦關閉。就經濟論點來看,第二種辦法較為完

第四章　戰爭經濟中之科學效用

善。因為可以減少人工煤炭等的消耗；但就民生政策來看，第一種辦法也有其特長，因為各家工廠的待遇都是一樣的，而且一部分工廠停止營業開除工人的做法，也可利用各廠同樣減少工作時間的方法代替。

在國內的勞動力與煤炭等資源還不是很缺乏的時候，第一種辦法，是當局所樂於使用的。而且在事實上，當在「戰爭經濟」初期的時候，政府也大多採用第一種辦法。尤其是對於原料來源極為缺乏的紡織工業與皮鞋工業，都採取「各廠分配」的制度。因此產生的各廠減少工作時間的問題，則由社會方面籌集鉅款，以補貼各廠因此而減薪的工人。

到了後來，因為軍用物品的需要日益增加，勞動力的需求也隨之大增。同時，工廠所用的煤炭及其他原料，也有大加儉省的必要。到了這個時候，不能不逐漸採用第二種辦法。以便製造能力最強的工廠得以全部開工；而其餘製造能力較弱的各廠，只好聽其停辦關閉，無法再顧及民生等各種問題。此尤以「興登堡計畫」（當時德國陸軍總參謀長興登堡的副手魯登道夫將軍，制定的五萬六千噸大型戰艦計畫）與《救國服役條例》，以及一九一六年與一九一七年之交，煤炭大為缺乏諸事，才導致政府改用第二種辦法。其實，在上面那段時間之前，我就已深深覺察到：如果想盡量利用人工

第四節　重要原料收歸國有

原料，不使人力、資本、材料濫用，以利於軍事行動順利進行，那麼直接干涉一部分工廠的措施，實在是不可避免的。

一九一六年六月八日，政府因鑒於人工缺乏，就下令禁止增掘加裡礦坑。後來（一九一六年六月二十九日），對於各處洋灰工廠的新建及擴充，也加以禁止。因為當時正值專賣條約到期之後，不再續簽，所以生怕一般的洋灰工業，趁機濫用人力財力，從事新建或擴充，政府特地下了這道命令就是為了預防。

此外，我還努力奔走於聯邦各政府及軍事機關之間，設法禁止一切無關住房的建築，以便節省勞動力與材料。最後，我更將前面講的「經濟效率原則」，應用到肥皂工業上。戰前德國這項工業，不下二千餘家，大多規模很小。現在則只挑出幾個最大的肥皂工廠，由政府繼續供給油料，使其繼續工作。其餘各家小廠，則令其暫行停工。但那些小廠，可以向上述各大工廠訂購貨物，並打若干折扣。小廠購到貨物之後，再各用自己的商號封皮包好，發售到市場上去。同樣，對於皮鞋工業也用類似的辦法解決。

但我對於新聞事業，則因其有關公眾福利的緣故，卻不能不特別顧全各種小報營業。恰與上面所謂「經濟效率原則」相反。

第四章　戰爭經濟中之科學效用

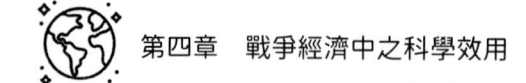

　　當時造紙原料日益缺乏，後來又面臨煤炭不足的困難；於是我們不可避免地要對新聞行業做出干涉。我們對於造紙原料的置辦與加工，雖已十分努力，但仍沒有取得很大的成績。原因是當時德國國內，非常缺乏勞動力，以砍伐各地造紙木料。同時，軍隊方面，因修築戰壕的緣故，需要的木材日益劇增。而來自外國造紙木料、纖維素（Zellstoff）、印刷紙的供給，又因協約國對德國實行封鎖的緣故而日益減少。再加上當時，一方面造紙原料的需求日益加增，尤其是製造戰壕沙袋，需要用這種原料最多；另一方面，又因為利用「紙張硝化」的方法來造「無煙火藥」，紙張的需求量也與日俱增。於是，我們特別新建了許多工廠，以滿足上述兩種需要，結果，這些新建的工廠，就與國內新聞行業互相爭購紙張，更是使紙張缺乏的情況，越來越緊急。

　　在此情形之下，造紙原料的價格，以及印刷用紙的價格，當然大大抬高。而當時各家報館經濟方面，更因廣告收入減少的緣故，早已快支撐不下了。再加上印刷用紙的價格飛漲，更難以堅持。我為維持各報繼續出版，尤其是中小報館，能夠繼續營業，特於一九一六年春季，以財政大臣資格提出國庫款項若干，以平抑「印刷紙價」。

　　自此以後，報館經濟難關，雖已設法度過。而印刷紙張

第四節　重要原料收歸國有

缺乏的問題,卻依然沒法解決。當時我們雖然用盡各種方法,以謀求救濟;而紙張缺乏的情況,卻仍是一天比一天嚴重。到了最後,市上所存的有限紙張,大有盡被各家大報爭購而去的勢態。其餘一部分小報,則陷入了可憐的孤立無援境地。因為國家當時已經支出大宗款項平抑紙價,以維持全體報界的平衡;則不宜再繼續聽任各家大報,自由爭購紙張,獨得其利。也就是說,到了這個時候,國家方面對於印刷紙張,得趕緊做出「限制消費」的行動。

一九一六年四月,政府專門組織了一個機關,名為「德報戰時經濟處」,先由調查實際供求情形入手,以整理德國報業用紙事宜。等到我做了內務大臣之後,還在上述「德報戰時經濟處」之中,特設一種委員會,由報館紙廠代表所組成,以便他們隨時參與商議。

關於限制各大報館紙張消費的舉措,還要藉助該委員會的幫助,才能一一實行。當時的具體情況是:對於國內各報用紙一律加以限制,實在是太難了。因為一般的中小報館所出的篇幅,原本就有限。若再對其進行限制,那就等於對中小報館宣判了死刑。反之,一般規模宏大的報業,每天出版所用紙張數很多,卻是可以大大限制一下。至於各城各鎮出版的地方小報,則因特別的理由,必須繼續將其維持下去。

第四章　戰爭經濟中之科學效用

　　這種「分級限制」的措施（限制紙張消費的程度，大報多於小報），當時曾得到委員會方面大多數委員的贊成。

　　後來，因為煤炭日益缺乏，我們對報業的限制更加嚴厲。於是一部分大報，對我大加攻擊。甚至於一部分柏林報館，對我採用一種類似罷工的手段。也就是說，各報業為了抗議，將我一九一七年三月在國會中所做的關於「內務部預算案」的演說以及我們所採用的「戰時經濟政策」，彼此相約表示不贊同。現在時過境遷了，當時攻擊我很厲害的人，或許有一部分已經原諒、理解我了。畢竟我離開內務部之後，也沒聽說有人能找出一種更好的方法，以解決印刷紙張缺乏的問題。

　　報館行業，與其他行業的性質不同。因為新聞傳播事業，在戰時比平時還要顯得重要。若要使全國報紙的作用得到充分發展，必須使各地的小報，能夠同時存在才行。因此，前面所謂「經濟效率原則」專門幫助生產能力最大的工廠，以便充分利用勞動力與材料，以達到生產的集中管理，與報館事業性質不是很符合。反之，對於其他一切不具有這種報館特別性質的企業，則因戰事需要，對於勞動力與材料，均不能不設法求其「最大效率」。由於情勢所迫，政府就在一九一六年年底所頒布的《救國服役條例》中，將上述的「經濟效率原則」賦予法律效力。

第五章
救國服役條例與興登堡計畫

第五章 救國服役條例與興登堡計畫

第一節 缺乏子彈的難關

就當時的整體局勢來說，完全有必要集中全國的力量，去克服我們所面臨的一切難關。到了一九一六年下半年之際，軍中子彈越來越感到缺乏，這時更覺得集中全國力量的事，不能再遲緩了。

自從戰爭開始後，中國鋼鐵工業方面，立即運用其宏大深遠的謀略，努力得以使中國軍隊在一段時間內，不用擔心所需的各種武器裝備會有缺乏，這確實是一個驚喜。但子彈消耗之多，尤其是鋼彈需求量之多，在戰事一開始，就已大大出乎我們的意料。當時所有的存彈，轉瞬就會被打光。而各廠趕造的鋼彈，又遠不足以滿足前線的需求。於是一九一四年九月和十月之間，在子彈供給方面，曾產生了極大的困難。這使中國軍事的推進，頓時遭受一大打擊，幾乎釀成可怕的後果。

因此，所有當時德國的鋼鐵工廠，凡是有改造子彈的可

第一節　缺乏子彈的難關

能性,無不一律改為製造鐵製子彈,並以「灰色鐵彈」作為暫時的救濟措施。「灰色鐵彈」的效能,雖沒有「鋼彈」好,但其長處,卻在於可以立即大批供給。同時,我們更設法擴充鋼彈工廠,沒想到能在短期之內,成立九十餘所這種鋼彈工廠。這跟開戰之初只有七所的情況,實在不可同日而語。而且這種工廠所產出的生鋼品質,也很令人滿意。我們的鋼鐵工業,在戰事剛開始時,雖然曾受一種重大打擊:比如一九一四年七月分,溶鋼出品為一百六十二萬八千噸。而到了八月分時,忽然減至五十六萬七千噸。但其間因工廠方面的加倍努力,以及軍界方面的特別通融,放回了各廠已經應徵入伍的職工。這些職工駕輕就熟,結果,中國鋼鐵出品,不久就又增加了。

到一九一六年夏季,每月便可出貨一百四十萬噸左右,約等於戰前每月出品的百分之八十五。此外,又因製造鋼彈之時,改用「湯瑪斯鋼」(用英國發明家發明的鹼性轉爐煉鋼法冶煉的鋼,是二十世紀上半葉西歐的主要煉鋼法)以代替日益缺乏的「西門子──馬丁鋼」(用德國發明家和法國煉鋼專家馬丁(Martin),所發明的平爐煉鋼法冶煉的鋼),於是鋼彈出品,忽然呈現出突飛猛進的現象。

透過以上努力,所有從前一切埋怨子彈缺乏的聲音,漸

第五章　救國服役條例與興登堡計畫

漸沉寂下去。後來,前方所需求的子彈,沒有再出現過缺乏。在一九一六年五月的時候,我曾向當時的陸軍大臣阿道夫・馮・霍亨伯恩(Adolf Wild von Hohenborn)探尋凡爾登戰役所需子彈的情形。該大臣尚向餘保證,說我們子彈儲存多,造彈速度快,足以應付。

誰能想到就在當年七月一日爆發的索姆河戰役(一戰中規模最大的一次戰役,是一場消耗戰),竟成了巨大「消耗戰爭」的開端。英法方面之膠隊子彈,頓時占據了優勢。對於敵軍的這個優點,無論在我們的統帥方面,還是在我們的陸軍部方面,在我們轄兵監方面,當初顯然都沒有考慮到。我們的重要軍事機關,對於未來子彈消耗的巨大,沒有一種切實打算,這從下面的事件就可看出:之前國內鋼鐵工業,與政府所達成的湯瑪斯鋼彈交貨合約,將於一九一六年六月三十日到期。因此,鋼鐵工業總會主席,特於數月之前,向當局方面通知,並敦促政府及時續約。而我們轄兵監方面,對於此事卻顯得不著急,甚至很淡然地處置。

鋼鐵工業總會主席等了很久,沒有接到回音,就在六月分再次向轄兵監方面催問情況。終於,在七月二日收到回信,信中稱:「現在因為情勢緊張,需要大批湯瑪斯鋼彈,並請速回電告知你們能夠生產的最高產量⋯⋯」又過三天之

第一節　缺乏子彈的難關

後，湯瑪斯鋼廠才召開會議，討論這件事。當時參與會議的軍事機關，曾提出每月急需的湯瑪斯圓鋼（用以製造鋼彈者）數目，這個數目竟超過湯瑪斯鋼廠每月產出最高限度，多達數倍。此外，在軍事機關倉促訂購各種鋼製貨物（如達姆彈、手榴彈等）之時，並沒有通盤的計畫。結果，各處關於採辦原料的事，往往互相競爭個不停。

軍事機關的這種要求，範圍太廣了，實在是前所未有。在鋼鐵工業方面，軍方則立刻將其他一切出品，甚至於中立各國訂製的貨物，一律暫時停造。而且要想改制大批子彈，各廠內部都得臨時改組。而這種改組手續的繁難程度，遠勝於之前大戰初開時各廠的臨時改組。但各廠當局對於改組的事，也沒有不趕快進行的。最終，定於八月十八日，在陸軍部內，將一切條件（比如：要求軍事機關放還若干專門匠人，發還所需製造原料，以及關於訂購貨物的事，必須統一進行。其他一切需要，如中央鐵路總局所需的軌道等等，必須暫時加以擱置）共同討論表決。但後來這種討論，並沒有產生什麼實際效果。據參與會議的說：所有陸軍部代表與輜兵監代表，以及工程師團代表，對於這類問題，都沒有發表什麼高明的見解。

於是，工業界各位代表，就開始跟我商量這件事。當時

第五章　救國服役條例與興登堡計畫

　　這些代表對於軍事機關辦理此事的情況，表現得非常不滿意。我因此督促他們，快向陸軍部代理大臣接洽（當時陸軍大臣本人，正留滯在前線大本營中）。因為我認為該代理大臣一定能立刻設法解決這個問題，但這些工業代表對我的勸告，存有很多顧慮與懷疑。他們只是表示願將我的勸告，立即轉達給工業幫會方面而已。

　　幾天之後，我又接到代表們的來信，透過信件我知道他們對我的勸告，已有一部分人採納了。據當時的情況，他們已經直接發電報給陸軍大臣，請他接見鋼鐵工業方面派往大本營的兩位代表，以便就近討論製造子彈問題。沒過多久，陸軍大臣方面就回電稱：陸軍大臣此刻正在東線戰場，一時不能離開。關於子彈問題，請直接向柏林陸軍代理大臣接洽……後來，克虜伯（Krupp von Bohlen und Halbach，德國著名軍火製造商。見圖 2.4）先生，又親自向陸軍大臣發了一份電報，而他收到的回電內容，也是說向陸軍代理大臣接洽。

第一節　缺乏子彈的難關

圖 2.4：印有古斯塔夫・克虜伯與夫人照片的明信片

克虜伯是德國的著名軍火家族企業，創始人是「火炮大王」阿爾弗雷德・克虜伯。1902 年克虜伯公司的第二代總裁弗雷德里希・阿爾弗雷德・克虜伯因同性戀醜聞自殺，德皇為防止克虜伯公司落入敵對國家手裡，在 1906 年挑選了年輕的外交官馮・波倫・翁德・哈爾巴黑，讓其入贅克虜伯家族。

德國鋼鐵工業總會方面，於一九一六年八月二十三日，將當時的子彈製造情形、會議意見，製成一種報告送交陸軍大臣，及其他重要軍事機關。我也向會議索取了一份報告作為參考。在此以前，我因國務總理將到前線大本營，曾向其詳述子彈製造方面的情況，並請其速向參謀大臣埃里希・馮・法金漢將軍（在凡爾登戰役後被解職，由興登堡接任總參謀長）及陸軍大臣轉述時局情形的嚴重；並表示關於訂製子彈

第五章　救國服役條例與興登堡計畫

一事,確實有改革制度或變更方法的必要等等。

又過了幾天之後,法金漢將軍被解職,而在八月二十八日由興登堡(保羅‧馮‧興登堡,德國陸軍元帥、政治家、軍事家。見圖2.5)元帥繼任。國務總理在赴前線大本營之時,對於調換參謀大臣的事,還不知情。我將最近的「德國鋼鐵工業總會報告書」一份交給國務總理,請其帶到大本營。但國務總理到了大本營之後,遇到元帥興登堡及魯登道夫(埃里希‧馮‧魯登道夫,德國陸軍將軍,興登堡的得力副手。見圖2.6)將軍兩人,這時才知道他們對於這項問題,早已瞭如指掌,並已決心採取果斷措施處置。後來興登堡元帥就於八月三十一日,致信陸軍大臣,請其用全力趕造槍彈,並將信函錄了一個副本交給國務總理。

我於一九一六年九月三日,特致書魯登道夫將軍。其中提到:「我從工業界代表方面,得知這項問題的各種苦難之處。我以為:要想充分利用我們工廠的製造能力,那麼當以下列三方面為先決條件。(一)所有工廠中不可或缺的專門製造匠人,應速從前線遣回廠內;(二)訂購槍彈之時,必須統一進行;(三)將來組織總局辦理此事之時,應該由鋼鐵工業界中,選一個精幹人員作為顧問。我因為聽說統帥方面現在決心處置這項問題,頓時感到心中顧慮消除,心情一時得到舒展。因為只有統帥方面能使陸軍部努力做好這件事。」

第一節　缺乏子彈的難關

圖 2.5：興登堡元帥

保羅・馮・興登堡出生於軍官家庭，參加過普奧戰爭和普法戰爭，一戰爆發後，德軍在西線戰場失利，興登堡在東線的坦能堡會戰中，擊敗入侵的俄國軍隊，並晉升為元帥。1916 年 8 月，興登堡被任命為總參謀長（實際掌握實權），戰後當選為威瑪共和國總統。

第五章　救國服役條例與興登堡計畫

圖 2.6：魯登道夫將軍

埃里希・馮・魯登道夫出生於普魯士沒落的地主家庭，大戰爆發後，他被調往東線戰場任第八集團軍參謀長，從此成為興登堡元帥的得力副手。在興登堡成為陸軍總參謀長後，其被任命為第一軍需總監（相當於副總參謀長）。1918 年西線反攻失敗後在國內政治勢力的逼迫下辭職。

第二節　兵役義務的擴大

兩週之後,國務總理再次接到興登堡元帥一封信函,主要講時局的複雜。並說:「軍隊的補充,子彈的製造,尤其應特別加增⋯⋯」同時,興登堡元帥還提出若干條陳。其中最重要的,就是擴充全國男子兵役的年限,範圍是由十五歲到六十歲(見圖 2.7)。而對於全國女子則一律承擔「服役義務」。

我對於充分利用全國人力一事,雖然認為極有必要,但對於興登堡元帥的這個計畫,卻不敢相信確實會有效益。因為當時德國兵役法律法定的年限,是以年滿十七歲開始。而當時十七八歲的男子,尚且沒有依法徵集呼叫,何必再擴至年滿十五歲的人?至於兵役年限,竟擴至五十歲以外了。若只擴至五十歲以內,我認為還有討論的餘地。我也認為由此所得的利益,絕不能抵償因嚴酷條例所引起的許多害處。倘若「擴充兵役年限」只為一種「工作義務」的代替名詞,則我

第五章　救國服役條例與興登堡計畫

更認為十分不妥當。當局如果對於新徵集的兵立即變更命令，將其留在國內工作，則據以前多次「變更命令」所帶來的惡果來看，實在令人不敢抱樂觀態度。

此外，興登堡元帥主張，對於全國婦女採用「服役義務」以便補充男子職業缺額的措施，似乎對於當時女工代替男工已經辦到之程度如何（關於此事，我曾於上文略舉幾種數目，為之說明），以及當時女工人數，始終供過於求的實在情形完全不曾明瞭。也就是說，現在問題不是「如何能夠多得女工」，而是「如何能為一般的女工謀得工作」。興登堡元帥的條陳對於「強迫女子做工，有悖社會道德」這一點，似乎也沒有十分注意。

如果當時的目的僅在於將男子的力量，特別集中於軍事製造及重要生產上，並使女工代替男工的措施，也照著之前的方法推廣，則我與興登堡元帥的意思，差不多完全一致。但是該條陳中所提出的各種辦法（關於此項條陳，是否能夠取得法律形式效力，我暫且不管），如果一一實行，那麼結果就會是：所得利益還不可預料，而因此所產生的損害與妨礙，卻可以先明顯地知道了。至於我認為可以實行的措施，是指當時各廠多已採用的「經濟效率原則」，即充分利用所有勞動力的原則，並將其繼續擴充，推及全國各種企業。同

第二節　兵役義務的擴大

時,將女工代替男工的措施,再設法改進,凡是可應用女工的公私企業,都使用女工。同樣,所有國內以及德軍占領地軍事機關與軍用工廠,似乎也可以這種方針加以辦理。我當時曾將這種見解,向國務總理進言,而國務總理就以我的見解回答興登堡元帥。

圖2.7：被俘的德國少年士兵
一戰是一場規模空前巨大的戰爭,歐洲許多參戰國家都出現了兵源緊張的情況。德國施行《救國服役條例》後,對兵役年限進行了擴充,服役年齡限制為15歲至60歲。

第五章　救國服役條例與興登堡計畫

第三節　最高戰事衙門

對於上面的問題，後面還要繼續討論。最後，興登堡元帥於十月十日，再次提出了條陳，並由威廉·格勒納（Wilhelm Groener，一九一八年魯登道夫辭去陸軍參謀總長後，威廉·格勒納接任。見圖 2.8）將軍於十月十四日帶交國務總理。在這次的條陳之中，興登堡元帥對於之前所用的方法（陸軍部中設定「槍彈局」與「工作局」），不能促進各廠工作能力一事，再三加以評論。並說：「長此繼續下去，將來也是沒有什麼效果。這兩個部門既不具有獨立資格，又沒有大權在手，遇事不能大刀闊斧、快速處置、嚴厲監督、斷然執行。同樣，『戰時糧食督辦公署』這一組織，其缺點也正與此相同。因此，改組的舉措，已是不能再拖延。

第三節　最高戰事衙門

圖 2.8：威廉・格勒納
1918 年魯登道夫辭職後，其於 10 月分接替擔任軍需總監職務。當時德國爆發革命，他勸說德皇威廉二世退位。1919 年退伍，後來曾幾次復出，擔任交通部長、內政部長等職務。

但我如果想成功改組，那麼此時所用的各種條例，應由皇上直接制定，不必先經立法手續……」該項條陳之中，並附有關於改組計畫的上諭草稿（上諭即詔書，這裡指興登堡預先為皇帝起草的詔書）一篇。

這項改組計畫，主張設立「最高戰事衙門」。凡是與戰爭有關的事，比如工人的召集使用及供給，原料槍械子彈的

第五章　救國服役條例與興登堡計畫

籌措,都歸該衙門管轄。從前陸軍部中原有的「槍彈局」、「工作局」、「軍用原料司」則均改為隸屬該衙門之下。此外,該衙門對於「戰時糧食督辦公署」所頒布的關於工人糧食問題的各種條例,要隨時加以監督。而監督「糧食督辦公署」的做法,只是一種過渡辦法,到了相當時期,才將該公署直接併入「最高戰事衙門」之內。

當威廉‧格勒納將軍向國務總理遞交興登堡元帥的這項條陳時,還說魯登道夫將軍對於「強迫工作」的計畫尚未根本加以打消。但他本人(威廉‧格勒納)對於此事,不是很贊成。不過就像英國方面的做法,對工人的行動自由稍稍加以限制,威廉‧格勒納將軍卻認為是有必要的。組織「最高戰事衙門」將所有槍彈問題、工人問題、原料問題一概歸其管轄,以便統一進行籌劃,這與我九月三日致魯登道夫的信中所說,具有若干連帶關係。但將「最高戰事衙門」完全與陸軍部脫離關係,卻顯得不是很妥當。後經軍事當局再三討論之後,就決定此項「戰事衙門」仍應屬於陸軍部,不必彼此並立。但該衙門行使職權的時候,很具有獨立自由活動的餘地。一九一六年十一月一日,皇上就依照此義,下詔設立「戰事衙門」並讓威廉‧格勒納將軍主持具體事務。同時,又將陸軍大臣阿道夫‧馮‧霍亨伯恩將軍免職,而以史特因(Stein)將軍代之。

第四節　救國服役條例

在上面的改組計畫尚未公布之前,威廉‧格勒納將軍又於十月二十八日通知國務總理。大意如下:現在興登堡元帥想對之前所提的條陳,稍加更改後再應用,即全國男子自十五歲起至六十歲止,以及全國婦女,一律承擔「工役」(各種勞動的義務)。按此項通知,與興登堡元帥十月十日遞交國務總理的信函中所說的「此事所用各種條例,暫時由皇上直接制定,不必先經立法手續……」不是很相符。

次日,國務總理特邀集威廉‧格勒納將軍,以及其他主管大員,共同討論這項問題。威廉‧格勒納將軍對於「工役」制度必須採用的理由(威廉‧格勒納在十四日之前還親自向國務總理表示,自己對於這項「工役」制度不是很贊成),是為了實行「興登堡計畫」。也就是說,在實行製造大宗槍彈的時候,必須要用大批勞動力。我到現在才聽說這項計畫的擴大內容。原來這項計畫,早由軍事當局制成,並與一大部

第五章　救國服役條例與興登堡計畫

分工業家協商妥貼。但軍事當局對於這種與國民經濟有很大關係的問題，而且實行這項計畫，必須具有各種經濟前提，事前竟不跟我商量。而我當時是全國經濟事宜的主管大員。

後來我還聽說鐵道大臣布賴滕巴哈（Breitenbach）與商業大臣賽多（Sydow）兩人，對於制定此項計畫的事，也是未曾被告知。而實行此項計畫的時候，關於大規模運輸工廠建築材料以及需用大宗煤炭的事，跟我國鐵路運輸能力，煤礦出產限度，現存勞動力數目，具有密切關係。因此，這兩個大臣也正像我一樣，對於這項計畫書的實行問題非常懷疑。這兩個大臣還說再這樣過分緊張下去，勢必將產生不好的結局。

關於「工役」一事，威廉・格勒納將軍只能轉述其中大意，並用「救國服役」來作為粉飾。這種「工役」制度既沒有確切的規定，又沒有詳細的條目。等到後來共同討論的時候，於是實行這種「工役」理想時，即將產生的各項難題，無不一一暴露出來：承擔這項「工役」的人，是否也像負有「兵役」的人一樣先行註冊，然後編成「工隊」送入特定工廠，指揮彼等工作？無論是什麼人，都知道這絕不可能實現。

此外，將來所徵的「工隊」，其中有一大部分，現在已

第四節　救國服役條例

在軍用製造工廠，或關係民生的企業從事工作。倘若現在讓他們一一辭去工作，前來投效「工隊」，然後再將他們送回類似的工廠，或其他不很重要的工廠服役。很明顯，這麼做不但毫無意義，而且突然給各種事業帶來許多重大的阻礙。至於「工役」施行的實際限度，當然只能限於下列一般工人：比如從來不做工的人；或在對於軍事民生全不重要或不甚重要的工廠做工的人；或者雖然在重要工廠做工，但該廠所用勞動力存在多餘的情況。關於實行徵集這類工人，並給以相當重要工作的舉措，勢必先有一種適當組織才行。

此外，還需要強迫這類工人，如遇政府給以工作之時，不得無故拒絕。同時，更應組織一種檢察機關，以禁止工人無故擅離軍用工廠而去。也就是說，要限制工人自由地改換職業。這種嚴厲限制個人自由的做法，必須先定一種執行手續及法律保護，以便維護這類工人的權利。如果說有一件事是可以預料，那就是：將來國會討論這項「工役」法律之時，所有以往對於「勞工委員會」、「仲裁機關」、「調節所」的希望，以及工人自由結合權利的要求等，又將一一成為政治爭奪的工具。

我對威廉・格勒納將軍關於採用「工役」制度所持的理由，在根本上雖然不能反對，但對於這項「工役」制度的效

133

第五章　救國服役條例與興登堡計畫

果,卻遠不如對軍事機關的期望大。現在德國正處於萬分危急的境地,凡是可以促進人工效用的方法,當然都不能放棄。至於「工役」一事,擴及全國婦女,以及年齡未滿十七歲的童工,則因各方激烈反對的緣故,威廉·格勒納將軍只好將其取消。

後來,我准許對於這項「工役」問題,擬定一種草案,以備繼續討論。

當天剛好是星期日(十月二十九日),我當時除例行公務外,更因國會討論「戒備狀態」及「檢查信件」的事,「聯邦會議」中「外交委員會」即將於十月三十日召開議會的事,以及波蘭問題急待解決的事,異常忙碌。但對於這項草案大綱的擬定,有幸能趕期制成,在星期四(十一月二日)先與威廉·格勒納將軍商議,並與他約定:於下星期之中,再邀勞資雙方代表,共同祕密討論。同時,皇上更依照國務總理的意思,主張:先看我們同盟國方面當時所提的「停戰議和條陳」的效力如何,然後再決定公開討論這項「工役」問題的事。

十一月四日,國會方面討論並作出決定──休會。當月六日上午,國務總理寄我一份電報,是外交部代表從大本營中發來的。大意是:魯登道夫將軍宣稱,這項《救國服役

第四節　救國服役條例

條例》萬不能遲延一刻。魯登道夫將軍還想將這個直接奏陳皇上。到了當日午後，國務總理就奉皇上透過電報發來的詔書，責令立將《救國服役條例》的事辦好，措辭異常嚴厲。

後來幾星期之中，我每天都在萬分壓力之下，趕制這項「工役」條例（該條例的草案，經普魯士政府議決之後，即於十一月十日呈給皇上御覽。不久，在當月十四日得到皇上的旨意，隨即轉送「聯邦會議」方面，並已先祕密向「聯邦會議」代表接洽妥當），而大本營方面，卻不斷地照舊嚴厲催促。我到了今天還未能了解，他們當時如此催迫的意義究竟在哪裡？實行這項條例，需由最近新設立的「戰爭衙門」先做種種準備。現在該衙門方面對於此事正在從速進行。其實，即使一切準備十分周到完善，這項條例的效果也不能在幾個小時之內就產生，必須經過較長的一段時間才能見效。在其他方面，這項條例與全國經濟、人民生活關係重大，那麼我勢必先與經濟界方面討論接洽才行。同時，我還要等候各聯邦政府的決議，以及預備將來在國會提出討論的種種手續，這些都需要我花費一段時間才能完成。

無論如何，我個人方面，是絕不願意繼續承受這種不斷地催逼了。於是我向國務總理表示，不願在軍事大本營的鞭策之下工作，並請其轉告皇上，准許我辭職。但國務總理卻

第五章　救國服役條例與興登堡計畫

以為,大本營方面表現出的種種憤怒,多是針對他個人。因此,他決定前往普勒斯(Pless),拜訪皇上及樂登堡元帥,先交換一下意見,然後再行決定他的個人進退問題。等到後來雙方交換意見之後,彼此的誤解暫時得到消除。但真正互相了解,卻始終未曾辦到。當國務總理從普勒斯回來時也深深感到他與帥營之間,確實有許多問題,雙方意見萬難達成一致。

第五節　救國服役條例與國會

　　《救國服役條例》在十一月二十一日，由「聯邦會議」決議後通過。當月二十五日，總理召集國會討論這件事。但在這兩天之前，因為我與各黨領袖接洽的結果，國會中的「國務委員會」已經先行開始討論這項條例。開會的時候，大家往往從早上至深夜，詳細地研究所有條例中之各項規定。當時該委員會要求（正如我所預料），凡是一切細小事項，比如實行這項條例時所需的「執行機關」與「公斷機關」以及應徵工人所享有的法律保護權利，都需要正式列入條例正文之內（在草案中，對於這些細小事項的規定只大概說明一下，將來再由「聯邦會議」詳細制定）。此外，還有許多關於民生問題及政治問題的提案，我早已預料或未曾預料的，都必須在此條例宗旨所能容許的範圍內一一加以討論，這就非常繁難複雜了。當帥營代表，初次與工會方面接洽之時，曾表示，希望國會方面能將這項條例視作一種愛國壯舉，應當不必討論，一律通過等等。而現在國會方面，卻如此逐條刁

第五章　救國服役條例與興登堡計畫

難，恐怕勢必會讓帥營失望。

國會「總務委員會」方面，對於這項條例，因日夜趕著商議的緣故，就於十一月二十八日晚，終於結束了討論。後來幾天內，則由國會召開全體大會公開討論這項草案。十一月三十日正午十二時，開始第二次會議，直到午夜十二時的前幾分鐘，才算結束。十二月二日午後，開始第三次會議。結果贊成者共有二百三十五票，反對者（都是獨立社會民主黨）十九票，未參加表決者八票。於是該項條例直到最後一刻，還有若干條文引起激烈爭論。我在國會中的處境非常困難。因為當國會討論這項草案時，所用時間太少，不能廣泛徵求各聯邦政府的意見，各聯邦對於各條增改的情況有沒有異議不能知道。

我因想要保持「聯邦會議」的立法許可權，對於國會各種提案，若有我認為可以接受，或我認為可以向各聯邦政府疏通的，都不能不一律加以拒絕。因此我在國會中宣稱：此事必須留待各聯邦政府解決。國會方面對我這種「中央閣員」及「聯邦代表」兩種職務下所產生的態度，常常不是很了解。此外，還有一件事，使我感覺難上加難，即戰事衙門長官威廉‧格勒納將軍，與我同在國會之中擔任政府出席代表。威廉‧格勒納以軍人天真的本色，往往獨自與議員談判，私下

第五節　救國服役條例與國會

應允他們的要求,並不向我通知。竟有一次,「國會委員會」中,有一位社會民主黨議員,曾對我說:「我們真不了解您的態度,您現在激烈反對的,都是威廉・格勒納。」

在三次議會中,也會產生一種最大難關。會議的前一晚,曾有人來對我說:國家自由黨議員方面,因黨議員依克南(Lckler)的慫恿,將在國會中共同提案,主張第二次議會中已經通過的「勞工委員會」及「仲裁機關」兩種組織,還需要用到國有鐵道方面(依克南是德國鐵道職工會中有影響力的人物)。但普魯士鐵道大臣,以及全體閣員,在上一次委員會議之時,對於社會民主黨方面的同種提議,曾加以激烈反對。蓋鐵道大臣的反對舉動,主要表現在設定仲裁機關。因為設定這項機關,等同於在鐵道當局及鐵道職工兩方面之外,另立第三種獨立機關來執行仲裁。

反之,因我疏通的結果,卻取得鐵道大臣白酋登巴哈的許可:對以前的「勞工委員會」加以擴充,以回應國會方面屢次口頭書面所表示的希望。鐵道大臣方面,既然有做出這種讓步,國家自由黨議員,也就在會議開始之前,各自將已經印好的依克南提案撤回。當時社會民主黨方面,雖然沒有在國會中直接提出與此相似的提案,但現在因聽說國家自由黨議員已經將各自的這項提案撤回。於是社會民主黨議

第五章　救國服役條例與興登堡計畫

員,決定將這項提案,再次由該黨提出。等到該黨議員納金(Legien)將提案理由當眾分析之後,國家自由黨議員依克南才私下對我說:「社會民主黨既然將這個提案重新提出,則我們黨內的同志,仍然應投票贊成……」同時,中央黨一部分議員的態度又復十分曖昧。

因此,如果想阻止該項提案通過,只有由我切實表明態度,並將此項決議的結果(此項決議若在第三次議會通過,便沒有修改的機會),一一指出才行。是以於埃納金議員發言終了之後,立即起而演說。我首先將普魯士鐵道大臣允許擴充「勞工委員會」組織的事,當眾報告,並簡述反對鐵道方面添設「仲裁機關」的理由。最後我也明確地說:「我雖然因此心中感到極度不安,但是不能不明確地告知大家。若這項提案通過,那麼全部條例都將因此陷入停頓!我在今日之前,從未當著大家的面作過這種表態,但現在卻不能不向各位切實說明……」

我上面所說的言論,曾引起國會及報紙方面的激烈攻擊。但在其他方面,卻產生一種效果:即一部分議員,尤其是國家自由黨依克南一派議員,以及中央黨方面與勞工組織關係緊密的議員,原擬投票贊成社會民主黨的提案,到了關鍵時刻改投了反對票。結果贊成者共一百三十八票,反對者

第五節　救國服役條例與國會

一百三十九票。該提案就因一票之差,未能通過成立。當我前往國會,列席投票大會之時,早已拿定主意,並將各種文卷先行打包。以便萬一該提案通過之後,我立刻就去找國務總理,請求辭職。

這個問題的解決,使我的精神得到稍舒。我所負責的工作重擔,本已超過常人精力之外。最後數星期之中,工作特別多,使我難以勝任。再加上軍事大本營及國會方面的各種矛盾衝突,也使我十分難受。這使我有志於做一番成績的雄心,不免大大消磨。而我的身體健康,在那段時間也大受損失。

此外,將來勢必還有許多重大衝突、爭執的事繼續發生,我早已一一料到。當我出席國會討論《救國服役條例》的時候就覺察出一大部分議員之中,尤其是社會民主黨議員,對我都帶有一種成見。他們認為我以前曾任銀行總理,因此,今天我堅持的社會政策,仍是代表資本主義的利益。絕不會因為我的個人生活也全靠自己工作維持,始終簡陋無比,而稍稍對我有所理解。但在其他方面,我因九年以來,從事實際重大工作所得的習慣,對於國會這種工作方法(他們永遠不離黨派立場,遇事討論爭執不已;而當時前線方面,則無時不在苦難之中,為爭民族生存作戰;國家的危急

第五章　救國服役條例與興登堡計畫

已到燃眉的地步），當然痛恨不已，而且隨著時間增加。至於我與大本營方面的彼此隔閡情形，我也認為沒有改善的可能。其間雖蒙皇上，於《救國服役條例》問題解決之後，曾將其騎馬御像一幅，命人賜我，以表示其始終信任之心。而我對於今後合作日益困難之情形，卻未能因此皇恩溫慰而完全去懷。但其後此種個人情感，終為責任義務之心所抑制。只有仍行繼續忍耐，向前奮進，以盡其責之一途。

第六節　救國服役條例的施行

關於執行這項《救國服役條例》的機關，當時曾在條例之中，明確規定由「軍事衙門」方面主持。在該衙門之中，有國會議員十五人組織成立「委員會」，並有較大權力，以參與事務。因此，我對於執行此項條例具體措施，僅能在某種狹小範圍之中，預先了解一下。

當國會討論此項條例之時，對於第九條內容有一種特別解釋，這與後來執行手續具有重大關係。

該條內容規定：為實現「工役」理想，必須解決「限制工人自由進退」問題。換句話說，工人若要出廠另找工作，必須取得原有廠主的離廠證明。如遇廠主方面拒絕給出證明，工人可以到勞資雙方共同組織之委員會申請，再由該會盤查。如果工人方面確有「重要理由」則由該會負責開離廠證明。

這項規定在當時條例草案中，即已提及。但在「國會委

第五章　救國服役條例與興登堡計畫

員會」討論之時，卻主張增補一句：即改善工人待遇，也是工人離職的重要理由之一。當時我曾極力反對這種增補，不久委員會委員之中，也有人出來反對，尤其是議員白邑爾（Payer）及博士謝發耳（Schiffer）兩人。因為片面地把規定「改善薪資待遇」作為離廠的重要理由與該條例宗旨完全相背。據我看，這項規定等同於促使工人們形成離職觀望，期待更好的老闆的心理。我生怕這項片面的解釋，不但不足以減少工人隨意進退的弊端，反而使大部分工人，從前本無離廠再找工作的打算，到那時也將不能好好安定在自己的職位上了。

議員白邑爾，則認為這種偏重薪資問題的做法，將使全部條例的效力削減。最後，委員會中，多數委員協商之結果，是將補充的內容，刪改如下：「考查工人所持出廠理由，是否重要之時，應當視做出廠他就之重要理由。」

此處總算顧全條例的宗旨，而以「同時顧及救國服役條例的需要情形」一句話，放到條例的最前面。

但後來在國會全體大會之時，卻有人提議，將該條第一句刪去。當時與會之人，竟不顧我的再三爭執，聽從提議，於是將該句刪去。

後來，因為這個條文所產生的不良後果，足以證明我當

第六節　救國服役條例的施行

時的遠慮是很有必要的。現在一般人（社會民主黨亦包含在內），所認為極不健全地抬高工價問題，其實就是從當時的軍用工業開始的。而國會當天所增補的上述條文，又是「軍用工業」抬高工價一事的根本原因。

同時，再加上「戰事衙門」與工廠方面訂立交貨合約之時，逐漸不用「先行定價」的方法；而等移交貨之後，再計算所耗人工材料多少，然後公議一種價格。這更使抬高工價的勢頭更足了。因為這種合約辦法，竟使一般的廠主爭相出高價，來吸引工人進廠。當時提高工價的損失，不再由那些廠主負擔，而由國家負擔。甚至於工價提高之後，那些廠主所得的紅利還很豐厚。因為那些廠主所賺的錢，隨勞動力、材料的價值，也每天都有增長。後來，「戰事衙門」發現這項弊端，就發出公告，對於這項合約辦法大加批評。但該衙門卻忘記了：這項辦法的採用與廢除，是該衙門自己分內之事。

至於《救國服役條例》的效力，除了上述薪資問題暫不作討論外，受下面的一件事所能辦到的程度大小的影響。即如何改組各種工廠，以收到提高生產能力的效果。尤其是如何歸併停辦各種無關重要的工廠，使其勞動力解職，以便改用於其他重要工業。關於此事，在「國會總務委員會」中討

第五章　救國服役條例與興登堡計畫

論的時候,以及「戰時衙門」內「十五人委員會」開會商議的時候,已不知討論過多少次。但實際工作卻未能盡如理論空話說的那樣每天都有進步。因此,後來內務部方面對於這項問題,又不能不逐漸由「戰時衙門」手中收回自行辦理。

第七節　救國服役條例的效力

關於救國服役條例的效力,我到今天還不能下最後的結論。因為與此有關的各種材料,我都沒有找到。但就我的印象而說,這項條例的效力,實在是遠不如當時軍事當局的期望。若就整體來說,帶來的利益更是遠不如帶來的損失多,我們根據當時一般國民的輿論就可以了解到。當時創議制定這個條例的人,以為該條例頒布之後,一時間,愛國狂潮勢必將洶湧而起。但在事實上,卻不是這樣。國內一些激進派,反而將這個「強迫做工」的條例,作為四處煽動的材料。假如當時只是繼續沿用「提高經濟效益」的方法,限制不重要工廠的耗費人工,將全國力量集中於和軍事、民生有關的各種企業,那麼所收到的成效,勢必將遠勝過這種大吹大鬧的救國服役條例。

現在我可以斷言的,就是這項救國服役條例的施行,並未能使「興登堡計畫」一一實現。正如我從前(一九一六年

第五章　救國服役條例與興登堡計畫

十月二十九日）在國務總理那裡初次與當時新任的「戰時衙門」長官所說的,「興登堡計畫」之所以難於實行,不僅在工人問題方面,更與運輸及煤炭問題有密切關係。其實這項計畫的弊端還有很多,這項計畫實行的結果,不但在工人中引發了無限的混亂,甚至於運輸及煤炭事業,也將因此受到不利的影響。

到了一九一七年二月初,軍事當局已不得不向工業界方面通知:所有各種新建軍用工廠,不能在最近三四月內竣工的,請一律暫時停止進行。據當時困難情形,尤其是運輸困難情形,實在已達到極點。所有已製成的四十個熔鐵爐,均因無法運輸,結果只能放著而派不上用場。因此,如欲避免未來的巨大災禍,則暫時減輕軍用製造,以便分出精力趕製鐵道用品的舉措,已經是不能再緩。當時「興登堡計畫」因情勢所迫,雖已不能不大加限制,但國內經濟秩序仍不能完全恢復。當年冬天,天氣特別嚴寒,水路不能通行,鐵路尤其擁擠。結果,運輸上的困難,更是有增無減。煤炭的缺乏情況,也是一天比一天嚴重。當時軍事當局,因為要趕製鐵道用品,對於製造子彈的事,也不能不進行限制。而現在關於煤炭的採購與消費,也深深感到必須快速決斷處理。

最初,關於煤炭問題的事,由「戰事衙門」包辦。該衙

第七節　救國服役條例的效力

門對於煤炭支配問題，曾組織重要機關專門管理。但後來到了一九一七年二月，該衙門漸漸覺得對於這項問題，已經無力解決。於是該衙門長官威廉・格勒納將軍，就約普魯士商業大臣和我，共同商議處置此事的方法。最終，我們決定添設「中央煤炭委員」一職位，並具有獨立行使職權的資格。對於沒收及分配煤炭的事，尤其具有極大權力。為便於直接與軍事當局連繫，特將此項煤炭委員附加到「戰事衙門」之中，但仍受國務總理監督。

但後來我們發現這個煤炭委員，在此情形之下，對於充分購辦煤炭，尤其是解決煤炭急需之事，實在是無法進行。關於煤炭的開採和分配情況，在大戰剛開始的時候，曾受很大打擊，但不久就恢復正常。每年所採石炭的數額，已距戰前產額不遠。至於褐灰一種，則更超過戰前所產的數額。但此項煤炭，除了所用勞動力太少，環境甚為惡劣之外，再加上鐵道運輸困難，直到一九一七年春季，還沒有力量全部將已開採的煤炭運去。往往數十萬噸的煤炭，任其掉在山下。剛好後來車輛逐漸充足，可以將所採購的煤炭全都運回去預備軍用時，卻又發現：當時的軍事機關所提出的「製造槍彈所急需的煤炭數目」已超過當時全體煤炭工人所能開採出的總額。當時「煤炭委員」曾於一九一七年，製成「煤炭預算案」一份，年開採煤炭總額是一萬六千萬噸左右；而需要的

第五章　救國服役條例與興登堡計畫

總額則是一萬八千三百萬噸左右；差額不在二千三百萬噸之下。

至於限制消費的措施，從翻檢查閱資料可知：當時軍用製造以外的各種煤炭消費（其中最重要的，是鐵路、家庭、煤氣廠、自來水廠、電氣廠的需求，以及按條約供給中立各國煤炭需要）已不能再加限制；或者即使能再加限制，但所能省儉的數額，也是少得可憐，仍對縮小當時的差額沒什麼幫助。而且家用煤炭的數額，當時已減到一千四百萬噸，可以說是少得不能再少了。

因此，我對於此項家用煤炭的數額，竭力主張不能再減少。於是，當時對於煤炭缺乏問題的解決，只有兩種途徑：或將軍事當局製造槍彈的計畫再大加縮小；或將前線大批煤炭工人解除武裝，以便回到後方努力開採煤炭。也就是說，我此時對於槍彈數目與兵士數目兩件事必須權衡輕重，加以決定。但這是軍事當局分內之事，只有軍事當局，才能清楚輕重緩急而進行果斷處置。至於我，則只有向軍事當局詳述軍事以外各種煤炭消費的限制都已經達到極點，並說明此事的解決，只有放回前線大批煤炭工人，或盡力限制「興登堡計畫」兩種途徑。當我在一九一七年六月，與魯登道夫將軍討論此項問題之時，我曾特將我的這個意見提出。

第七節　救國服役條例的效力

後來，軍事當局方面就決定，一面放回大批前線煤炭工人；另一面又對「興登堡計畫」進行限制。當時中國飽受煤炭缺乏之苦，如果國內濫用一噸煤炭，就等同於減少前線若干武力。因此，對於國內各種煤炭消費，無不同時加以極度的限制。

同樣，中國的財政力量，因軍事當局槍彈計畫過分緊張，也陷入艱難的處境。比如每月軍費支出數目，在一九一六年八月分，尚在二十億馬克之下，到了一九一六年十月分，就超過三十億馬克。再過一年之後，每月的軍費支出逐漸超過四十億馬克。到了一九一八年十月分，竟達到四十八億馬克。也就是說，此時雖然是在「興登堡計畫」受到限制之後，而關於軍費支出日益膨脹的情況，也已無法加以阻止了。

財政大臣謝發耳博士（Dr.Schiffer）曾於一九一九年二月，在德國國民大會之中直接稱當時「興登堡計畫」是絕望後的孤注一擲計畫。其實這種觀點不會太恰當。當時提出這項計畫的各位先生（這項計畫雖然名為「興登堡計畫」，但並不是興登堡元帥自己提出的），在其頭腦中，本來就沒有「絕望」二字存在，他們的計畫只算是一種「過於自信的計畫」以及「過於高估德國經濟力量的計畫」。

第五章　救國服役條例與興登堡計畫

倘若當時果真能認清真正形勢,做好自身力所能及的工作,那麼隨意將寶貴的材料,尤其是將寶貴的勞動力,安排在一般毫無成就的新建軍用工廠這種類似的事,就可以從根本上避免。因為很多新建的工廠,因勞動力、煤炭缺乏,始終未能完全成型。雖然有些已初具規模,卻未能全部開工製造。其實,當時如果善於排程,本可利用較少的人工物力,以製造更多的軍用物品,並可避免中國全部經濟的停頓與破產。要知道國民經濟一旦陷於停頓或破產,全國抵禦能力的基礎,也將隨之動搖而陷於不可收拾的境地。

國家圖書館出版品預行編目資料

經濟戰爭與戰爭經濟：從內政到戰場，德國財政部長卡爾‧赫弗里希的一戰回憶錄 / [德] 卡爾‧赫弗里希（Karl Helfferich）著 王光祈 譯 . -- 第一版 . -- 臺北市：財經錢線文化事業有限公司 , 2024.08
面 ； 公分
POD 版
譯自：Economic war and war economy
ISBN 978-957-680-970-5(平裝)
1.CST: 經濟戰略 2.CST: 經濟政策 3.CST: 第一次世界大戰 4.CST: 德國
592.47　　113012072

電子書購買　　爽讀 APP

經濟戰爭與戰爭經濟：從內政到戰場，德國財政部長卡爾‧赫弗里希的一戰回憶錄

臉書

作　　者：[德] 卡爾‧赫弗里希（Karl Helfferich）
譯　　者：王光祈
發 行 人：黃振庭
出 版 者：財經錢線文化事業有限公司
發 行 者：財經錢線文化事業有限公司
E - m a i l：sonbookservice@gmail.com
粉 絲 頁：https://www.facebook.com/sonbookss/
網　　址：https://sonbook.net/
地　　址：台北市中正區重慶南路一段 61 號 8 樓
8F., No.61, Sec. 1, Chongqing S. Rd., Zhongzheng Dist., Taipei City 100, Taiwan
電　　話：(02) 2370-3310　　傳　　真：(02) 2388-1990
印　　刷：京峯數位服務有限公司
律師顧問：廣華律師事務所 張珮琦律師

-版權聲明-

本書版權為興盛樂所有授權崧燁文化事業有限公司獨家發行電子書及紙本書。若有其他相關權利及授權需求請與本公司聯繫。

未經書面許可，不得複製、發行。

定　　價：299 元
發行日期：2024 年 08 月第一版
◎本書以 POD 印製
Design Assets from Freepik.com